世界高端文化珍藏图鉴大系

晶莹圆润

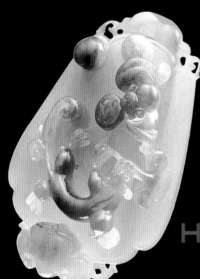

收藏与鉴赏

和田玉

HETIAN JADE

玮珏 / 编著

图书在版编目（CIP）数据

晶莹圆润：和田玉收藏与鉴赏 / 玮珏编著 . -- 北京：新世界出版社 , 2013.8（2019.11重印）

ISBN 978-7-5104-3573-7

Ⅰ . ①晶⋯ Ⅱ . ①玮⋯ Ⅲ . ①玉石—鉴赏—和田县②玉石—收藏—和田县 Ⅳ . ① TS933.21 ② G894

中国版本图书馆 CIP 数据核字（2013）第 180245 号

晶莹圆润：和田玉收藏与鉴赏

作　　者：玮　珏

责任编辑：丁　鼎

责任印制：李一鸣　　王丙杰

出版发行：新世界出版社

社　　址：北京西城区百万庄大街 24 号（100037）

发 行 部：（010）6899 5968　　（010）6899 8705（传真）

总 编 室：（010）6899 5424　　（010）6832 6679（传真）

http：//www.nwp.cn

http：//www.newworld-press.com

版 权 部：+8610 6899 6306

版权部电子信箱：frank@nwp.com.cn

印　　刷：北京市松源印刷有限公司

经　　销：新华书店

开　　本：710×1000　 1/16

字　　数：230 千字

印　　张：16

版　　次：2013 年 9 月第 1 版　 2019 年 11 月第 2 次印刷

书　　号：ISBN 978-7-5104-3573-7

定　　价：78.00 元

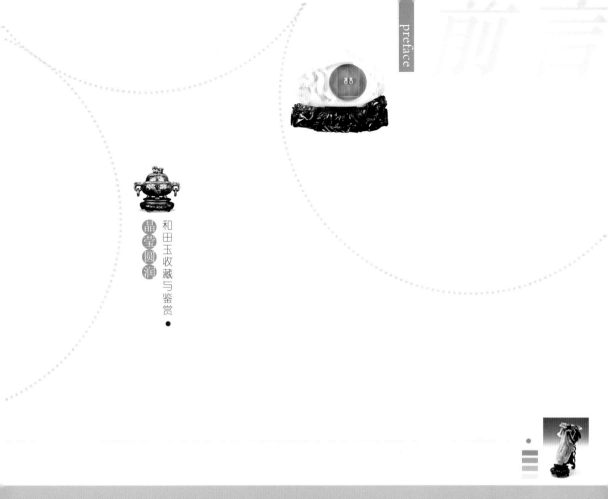

和田玉收藏与鉴赏

晶莹圆润

2012年12月1日，一场声势浩大、规模空前的"和玉缘和田玉历史文化交流会"在京隆重举行。此次交流会汇聚了众多和田玉传世精品、珍贵的籽玉原石等，诣在发扬和传播源远流长的中华千年玉文化，推动和田玉文化产业的发展，可谓是一场关于和田玉的文化盛宴。

和田玉在我国至少有7000年的悠久历史，是我国玉文化的主体，是中华民族文化宝库中的珍贵遗产和艺术瑰宝，具有极深厚的文化底蕴。同时，我国还是世界历史上唯一将玉人性化的国家。早在春秋战国时期，孔子就赞美和田玉的"仁、义、智、勇、洁"之道，提倡君子应当以玉比德。君子应当像和田玉一样：自洁、宽容、包容、厚德。和田玉在我国古代占有重要地位，清代乾隆皇帝最喜欢的玉石就是和田玉。古医书称"玉乃石之美者，味甘性平无毒"，并称玉

和田玉

是人体蓄养元气最充沛的物质。玉石不仅作为首饰、摆饰、装饰之用，还用于养生健体。如果人的身体不好，长期佩玉，玉中的矿物元素会慢慢让人体吸收达到保健作用，譬如女士戴玉手镯通常戴左手，因为对心脏有好处。自古各朝各代帝王嫔妃养生不离玉，宋徽宗嗜玉成癖，杨贵妃含玉镇暑。玉为枕而脑聪，古代皇帝就喜欢用玉做枕头，中国古代长寿的皇帝都久用玉枕。

随着社会的进步，人们的生活水平逐渐提高，精神生活也变得更加丰富。爱玉、玩玉、赏玉者众多，玉器市场呈现蓬勃发展之势。和田玉是软玉中的代表，其细腻莹润的质地、温润凝脂的光泽、色彩艳丽的皮相、构思精妙的巧工，将玉的形、色、韵充分展示出来。千百年来人们对玉的景仰崇敬之情，以及引人深思的文化底蕴，都是和田玉受人追捧的原因。

但是，正因为和田玉受到了大众的喜爱，市面上出现了很多恶劣的造假行为，让很多爱玉的顾客蒙受了经济上的损失。其中有一些比较廉价的"精白玉"和"阿玉"以及"巴玉"等假冒玉石，实际上是属于大理石的一种，如果佩戴在人身上，会对人的身体健康造成极大的损害。

因此，每一位玉的爱好者都应该对和田玉的种类、特征、真伪有所了解。同时，还应该知道怎样欣赏和把玩，认识玉的价值，知道怎样购买和珍藏和田玉。

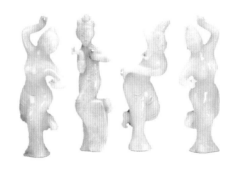

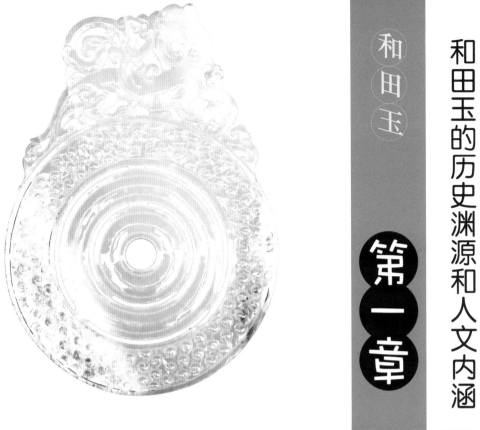

和田玉

第一章

和田玉的历史渊源和人文内涵

玉，石之美者有五德。润泽以温，仁之方也；鳃理自外，可以知中，义之方也；其声舒扬，专以远闻，智之方也；不挠而折，勇之方也；锐廉而不忮，洁之方也。

——【东汉】许慎《说文解字》

玉——华夏文明最早的见证

　　玉，石之美者有五德。润泽以温，仁之方也；勰理自外，可以知中，义之方也；其声舒扬，专以远闻，智之方也；不挠而折，勇之方也；锐廉而不忮，洁之方也。

　　自古以来，玉就是权势、地位、身份的象征，更是美丽的象征。玉的种类很多，有翡翠、软玉（和田玉）、岫玉、青金石、绿松石、玛瑙、珊瑚等。有的色泽美艳，有的质地细腻，有的洁白无瑕。这些都是大自然所赐，令人赏心悦目，其中的佼佼者当推和田玉。玉的历史先于商周，早于丝绸，可以说，如果没有和田玉，中国就没有如此光辉灿烂的玉器，也就没有如此光辉灿烂的玉文化。

　　和田玉在我国有着悠久的历史，是中华民族文化的重要组成部分，是中国的国粹。和田玉在我国的历史发展当中起到了非常重要的作用，和田玉的道德内涵在西周初年就已产生。从那时起，人们就发展了一整套用玉道德观，而将

太极圈

长 5 厘米，宽 5 厘米，厚 1 厘米

曹鹏收藏

凤凰灵芝玉佩

明代　直径 6.1 厘米，厚 0.6 厘米，由上好的和田青白玉制成，表面被土侵蚀得较厉害，雕工圆润饱满。

其理念化、系统化是在孔子创立儒家学说以后。儒家的用玉观一直贯穿了整个中国封建社会，深深根植于人们的头脑中。"古之君子必佩玉""君子无故，玉不去身"。在古代，玉不仅起到了装饰作用，还是身份、财富和地位的象征，可以起到交流感情的作用。特别是在春秋时期，君子佩玉、年轻女子佩玉之风十分盛行，青年男女还互赠佩玉作为信物。佩玉成为一种社会时尚，历数千年而不衰。在魏晋南北朝时期，　名门贵族中甚至盛行食玉，当时的达官贵族得到一件精美的玉料，不是珍藏起来或者雕琢成稀世珍宝，而是想方设法吃进肚子里。隋唐之后，作为佩饰的和田玉在品种上有了大的变化，主要作为手、腕、耳和头饰。到了唐宋以后，作为陈列的玩赏玉器，如仿古玉礼器、瓶、壶、山子、人物、动物等等，占据了玉器的主要地位。

　　和田玉刚出现时只是作为一种简单的装饰品，但随着生产力的发展，产生了贫富差距和阶级观念，和田玉也随之变得稀少。如此一来，美丽耐久的和田玉便成为了统治者和贵族阶级专门占有的器物，尤其是到了秦朝之后，玉玺便成为了皇权的象征。而其中大多数玉玺都是和田玉所制，以玉为玺的制度一直贯穿了整个封建社会。

清乾隆交龙钮玉玺

在法国被一匿名中国收藏家以 1.14 亿元人民币购得，是目前玉玺成交价的最高纪录。

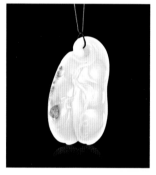

和田玉籽料连中三元

和田的黄皮籽料，温润细腻，设计为传统题材的豆荚，取"连中三元"的吉祥寓意，设计简洁，干净利落，适于佩戴。

青玉福寿水洗

此水洗为青玉质，玉质均一无杂，色彩沉稳，展现了玉雕的厚重大气，此水洗为双福衔环耳，器身以浮雕手法琢制而成，雕工古朴雅拙，置于书房案头，可增文气牙韵。

和田玉作为中国玉器的代表玉材，记载了中国传统的玉文化，在中国古代玉器中占有举足轻重的地位。用和田玉制成的玉器，具有浑厚的中国气魄和鲜明的民族特色，是中华民族文化宝库中的珍贵遗产和艺术瑰宝。

玉文化

古玉器的政治价值表现在古玉器是社会等级制的物化，是古代人们道德和文化观念的载体。出土的玉器基本上出自有身份和地位的人的大中型墓葬中。春秋战国就有"六瑞"的使用规定，6 种不同地位

美玉雅词

冰肌玉骨：肌指皮肤，直意是指女子的肌肤若冰雪，骨骼像玉石。多形容纯洁而美丽的女子，也可形容梅花的傲寒斗艳。出自《庄子·逍遥游》："藐姑射之山，有神人居焉，肌肤若冰雪，绰约若处子。"宋·苏轼《洞仙歌》词："冰肌玉骨，自清凉无汗。"

的官员使用6种不同的玉器，即所谓"王执镇圭、公执桓圭，侯执信圭、伯执躬圭、子执谷璧、男执蒲璧"。从秦朝开始，皇帝采用以玉为玺的制度，一直沿袭到清朝。唐代明确规定了官员用玉的制度，如玉带制度。

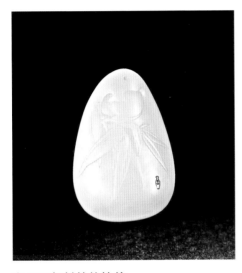

和田玉籽料竹韵挂件
此作品题材雅致，工艺考究，适合佩戴。

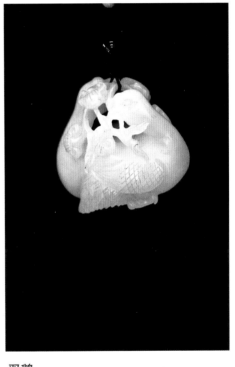

双鹅
长6厘米，宽4.5厘米，厚3.8厘米

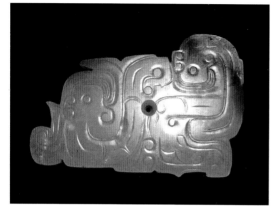

西周玉佩

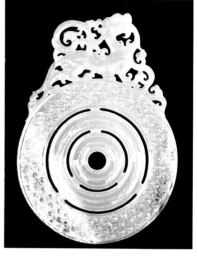

汉朝和田玉出廓壁

高14厘米，直径11厘米。雕工精细，线条流畅。玉质致密细腻，油光晶莹，极其润泽。

秦 汉时期的和田玉

公元前221年，秦王嬴政灭掉六国，建立了我国历史上第一个统一的中央集权的封建国家——秦朝。然而秦朝的统治仅有15年，至公元前206年亡，不可一世的秦朝就被汉朝所取代了。即使如此，秦代在艺术上也创造出不少辉煌成就，如长城、兵马俑等。玉器方面，据载，秦始皇灭六国时，得卞和玉璧，始皇命当时的琢玉大师孙寿作"传国玺"，供皇帝专用，李斯书以"受命于天，既寿永昌"八字铭。不过，秦朝立国时间太短，玉器数量不多，精品也不多见，目前出土的秦代玉器屈指可数。因此，现代人对秦代玉器的了解并不多。秦代出土的玉器以片状器为多，有礼仪用器，如圭、璧、璋、璜；实用品，如杯、带钩、剑饰等；又有玉人、鱼、鸟、蝉、虎等。

汉朝是继秦朝之后的强盛的大一统帝国。汉朝时期民族融合空前发展,对外交流频繁,国力和经济较为强盛。汉朝的玉器也发展到了一个高峰,这与汉朝的国富力强以及儒家思想主体地位的确立有很大的关系,"罢黜百家,独尊儒术"的政策使得"比德于玉""君子佩玉"的思想成为主流思想。儒家的孝道思想对厚葬风气的形成起到了推动作用,因此随葬玉器数量和规格达到新的高度。汉朝玉器种类繁多、数量庞大,其造型新颖独特,在题材上多选用龙、虎、螭、凤、辟邪等神秘的动物形象,构思精巧,不拘泥于形式,

汉朝玉人

雕刻技巧出神入化,寥寥数刀,神韵尽致,达到了十分理想的艺术效果。汉朝的很多作品都非常精美,其制作工艺更是令人拍案叫绝。其中出土最多的圆雕和高浮雕陈设艺术品,在中国古代的玉雕史上占有重要地位。

西汉张骞为了寻找和田玉的产地,不畏艰辛、寻根溯源,跋涉了绵延1000多公里的昆仑山和阿尔金山,其功绩是应该永垂和田玉史册的。

《春秋繁露·执贽》篇说:"君子比之玉,玉润而不污,是仁而至清洁也。""洁

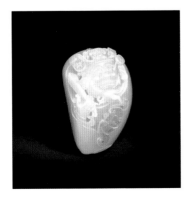

和田玉籽料钟馗

和田玉籽料相拥摆件

此件作品取材于日常生活,用瞬间的画面来表达作品的主题。

和田玉收藏与鉴赏 ●

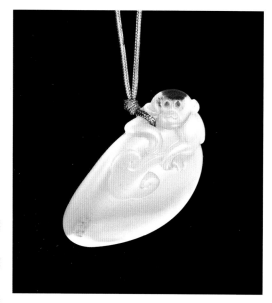

和田玉籽料灵猴把件

该摆件红皮白肉，白如雪、红若丹，玉质细腻、光泽油润。作者随形就料琢灵猴，用流畅简洁的线条来刻画灵猴，灵动逼真，一点红皮巧做猴眼、猴首，恰到好处地体现主题，寓意吉祥，令人爱不释手。

白如素而不受污，玉类备者，故公侯以为贽。"汉朝人喜爱白色，独尊和田白玉。

　　玉有恭、宽、信、敏、惠、智、勇、忠、恕等玉德，与孔子表达的"仁"的内容基本一致。董仲舒把和田白玉提升到了新的审美高度。

美玉雅词

冰清玉润：直意是指岳父像冰那样清洁，女婿像玉那样温润。古文中也有将翁婿称为"冰玉"的。原指晋乐广卫玠翁婿俩操行洁白。后常比喻人的品格高洁。出自《晋书·卫阶传》：裴叔道曰："妻父有冰清之姿，婿有璧润之望。"

和田玉籽料灵猴献寿挂件

该物件玉质油润，白度上佳，带金黄皮色。疆石巧色琢顽猴一只，伏于寿桃之上，灵动俏皮。金色蝙蝠与灵芝遥相呼应，为雅玩精品小件。

玉文化

　　玉文化在我国已经有上万年的历史，早在夏、商、周三代就已大量应用。距今五六千年的红山文化、良渚文化和仰韶文化选择了多个地区的玉石制作玉器；在距今3600多年前的商殷时期，才选择和田玉为主要玉材。商代妇好墓出土的玉器表明，王室用玉主要是昆仑山的和田玉，从此开辟了中国玉器以和田玉为主要玉材的新时代。中国古代玉器的高峰期与社会变革及经济文化发展密切相关，除新石器时代外，都与和田玉的开发和输入内地有关。当社会发展、文化昌盛，和田玉大量出现，就预示着高峰期的出现，即"盛世藏玉"。我国历史上的6个高峰期为：新石器时代、商代、春秋战国、汉代、宋代、明中期到清中期，而从21世纪开始我国应该进入了第七个高峰期，而且这个高峰期至少要延续50～100年。

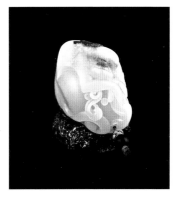

和田玉灵猴献寿把件

此把件选用上等和田白玉所作。玉质紧密，料性极佳，皮色红艳。作品以立体圆雕展现，以皮色做猴脸，巧妙之极。灵猴神态生动，姿态舒展，栩栩如生，可玩可赏。

和田玉籽料对弈图山子

金黄的皮色使得白玉更增添富贵奢华的气息。材料通体红艳皮色，实属难得，破皮巧雕人物、山石、小道、树荫，勾勒出富有生活气息的画面。可端坐享受自然之奇，也可细品工艺巧妙细致之美。

主要特点

　　秦朝很多玉器的材质都是和田玉，和田玉玲珑清秀、细腻莹润。秦代的和田玉器在加工和制作方面都不成熟，所有出土玉器的主要特点都是较为粗糙，装饰雕琢也不够精致。用于祭祀的玉人，面部没有任何表情，看起来非常呆板。秦代出土的和田玉器较少，主要拘泥于现实主义的风格，在制作加工上较为笨拙。

秦代和田玉红花梨

　　汉朝是我国历史上第二个大一统的王朝，经济、文化方面发展空前。坚韧温润的和田玉是汉代玉器的主要材料，尤其是在西域归入汉朝版图之后，和田玉的开采和运输都变得更加方便，这很大程度上促进了和田玉的使用。汉朝的玉器玲珑剔透、雍容华贵，却不落俗套，相对于秦朝玉器的制作工艺取得了很大的进步。尤其是在西汉确立了儒家的主体思想之后，玉被赋予了更多美德，由和田玉制作的玉器作品数量逐步增加。汉代的玉器造型逼真，大多都是精雕细琢，追求个性化的艺术美感，基本上摆脱了宗教、礼仪观念的束缚，充分表现了自由奔放的特点，将楚地雄浑豪放的浪漫主义风格表现得淋漓尽致，镂空花纹屡见不鲜，其抛光技术也达到了一个很高的水平。玉器的纹饰构图极其精准，很多作品都是难得的精品，比如著名的金缕玉衣，可谓是空前绝后。

汉螭凤镂空白玉佩

和田玉籽料荷塘情趣把件

和田玉籽料山水牌

白玉鹅如意挂件

主要种类

饰　玉

饰玉可以分为人身上的和器物上的玉饰两类。人身上的玉饰主要是佩玉，例如一些玉环和玉钗，用于器物上的以宝剑玉饰最为出名，还有就是镶嵌在门上起装饰作用的辅手等。汉朝的玉饰非常多，一些是单纯的装饰，另一些则是具有实用性质的装饰品。

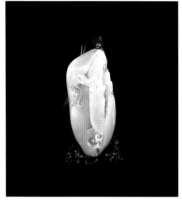

和田玉籽料关公把件

关公原名关云长，以忠义仁勇著称于世，备受人们崇仰。关公形象威武，忠肝义胆，可镇宅避邪、护佑平安、财源广进。此把件玉质细腻、白润，造型简洁而逼真，是难得的佳品。

玉 玦

玉 玦

玉玦是一种单纯用来装饰的饰品，早在新时器时代就已经存在。玉有缺则为玦，玦是我国最古老的玉制装饰品，在古代主要是用作耳环和佩饰。但是到了汉朝，已经全面衰落，在西汉早期就已经很少见了。玉玦的制作非常粗糙，大多都没有什么纹饰。

绞丝纹带沁玉环

玉 环

玉环在汉朝很常见，其样式更是多种多样，为一种圆形而中间有孔的玉器，形状与镯类似。汉代时玉环多用于成组佩玉的中部，直径较小，环表面饰典型的汉代纹饰，如勾云纹、四灵纹、螭纹等。

玉舞人

玉舞人是汉朝很有代表性的一种佩饰。玉舞人身体扁平，呈站立状，身穿交领长袍，腰束带，长袖，扬右臂作舞姿，柔劲流畅。所表现的舞蹈，是秦汉时期比较盛行的"翘袖折腰"舞，这种舞蹈早在战国晚期就出现在上层社会的生活中。

汉朝玉舞人

龙凤纹玉佩饰

龙凤合体玉佩在西汉初期就已经出现，是汉朝配饰中较为常见的一种。通常平面略呈长方形，身饰以谷纹，龙身体蜷曲，同首怒吼，显得浮躁不安；凤圆目勾喙，神态安详。一静一动，搭配和谐。当然，除了龙凤合体佩，还有单独存在的龙形佩和凤形佩。一般龙形佩都是呈蜿蜒曲折状，凤形佩大多都是精打细磨，很具有写实性。

汉朝玉舞人龙凤佩

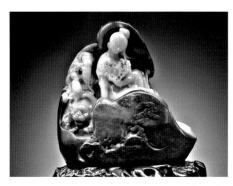

山 鬼

玉辅首

　　辅首在战国时期就已经出现了，但是那时大多还都是青铜器制成的。辅首主要是镶嵌在门上，起装饰作用。直到进入汉朝，才出现了玉辅手。汉朝时期的玉辅首通常都是长方形，呈扁平状。辅首正面中央饰以兽面纹、螭虎纹或四灵纹，用透雕、浮雕和线刻多种技法琢磨而成，极富立体感，通常为张口露齿、形象凶猛的形象，颇有威严之感。

汉朝玉辅首

和田玉平安如意挂件

玉剑饰

　　玉剑饰是镶嵌装饰在兵器铁剑上的一种饰物，用精美玉器缀饰于剑和鞘上的宝剑，古人也称为"玉具剑"，一般用来彰显男人的阳刚之美。汉代玉剑饰通常也由剑首、剑格、剑璏、剑珌四部分组成，每个部件上大多都有纹饰，纹饰包括兽面纹、蟠螭纹和凤鸟纹等动物形纹饰。其中，最常见的是蟠螭纹，将透雕、高浮雕、线刻等表现手法有机地结合起来，有时还配以镂空手法，使蟠螭出没于云霭之间，或隐或现，给人以神秘之感。

汉朝玉剑首

玉刚卯

刚卯始于西汉新莽时期，曾因避"卯"为刘字的部首而一度废除，但东汉继续流行。刚卯因于正月卯日制成，故名刚卯，是一种佩饰，有辟邪作用，是古代的护身符。刚卯体为长方形柱，中心有一穿孔，外壁四面刻有小篆或隶书铭文。《汉书·王莽传》中载："刚卯，以正月卯日作，佩之，长三寸，广一寸，四方，或用玉，或用金，或用桃，著革带佩之。"其意思就是人们佩戴刚卯，就能挡住所有牛鬼蛇神的侵犯。不过，过了汉朝之后，佩戴刚卯的习俗就慢慢消失了。

汉朝玉刚卯

玉司南佩

玉司南佩是汉代辟邪玉之一，尽管数量很少，但是却非常重要。司南佩形若工字形，扁长方体，分上下两层，为两长方柱相连形，横腰环一凹槽。顶部琢一小勺，

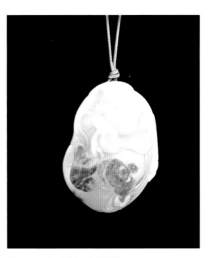

和田玉籽料如意弥勒

该物件以红皮白肉籽料的和田玉雕琢而成，质细润，色红艳。圆雕弥勒，弥勒面部生动传神，双乳下垂，大肚挺挺，极具富态，一双大耳下垂，与圆润饱满的脸相得益彰。红皮巧做如意，弥勒手持之，开怀大笑，尽显福态。

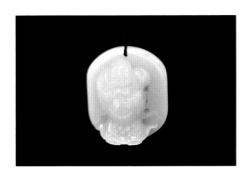

和田玉籽料弥勒挂件

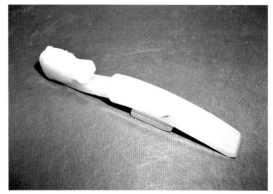

汉朝玉带钩

长 8.3 厘米，宽 0.8 厘米，高 2.0 厘米。

下端琢一个小盘，全器光素无纹。在中间凹细处或小勺柄处，有一个横穿或竖穿的孔，可穿系佩挂。司南是我国的一种指南仪器，玉有辟邪压胜之效，人们遂仿司南之形，将实用器转变为佩饰器，琢成顶部有司南形状的小玉佩，随身佩戴，用于辟邪压胜，为司南佩。

玉带钩

　　玉带钩在汉朝的玉器中较为常见，长条倒钩形，长把短钩，钩钮与钩尾底边多在同一平面上，钩钮大部分为椭圆形。

　　汉朝玉带钩琢磨细致，钩首多作兽头形，钩身常施以云纹，也有光素无纹的。

美玉雅词

冰清玉洁：直意是指像冰那样清明，像玉那样纯洁，形容操行清白、品格高洁，也可以比喻官吏办事清明公正。出自汉·司马迁《与挚伯陵书》："伏唯伯陵材能绝人，高尚其志，以善厥身，冰清玉洁，不以细行。"

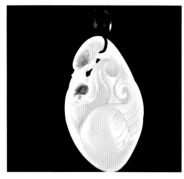

和田玉籽料鸿运当头把件

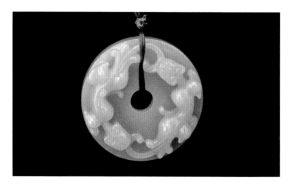

螭龙璧

长 5.5 厘米，宽 5.5 厘米，厚 1.5 厘米

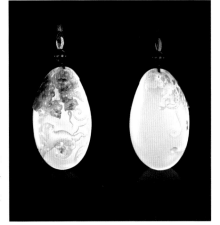

和田玉籽料耄耋富贵挂件

和田玉籽料黄皮艳丽，白肉细腻温润，雕琢顽猫扑蝶，动感传神，黄皮巧雕葡萄，颗颗饱满，写实逼真。猫蝶谐音耄耋，葡萄象征多子多福，作品寓意美好，工艺细致，适于把玩佩戴。

玉文化

从新石器时代开始，一直延绵至今的"玉文化"跟世界上的其他文明有所区别，玉石所具备的意义是得天独厚的。中国人把玉看作是天地精气的结晶，使玉具有了意味深长的宗教象征意义。取之于自然，琢磨于帝王宫苑的玉制品被看作是显示等级身份地位的象征物，成为维系社会统治秩序所谓"礼制"的重要构成部分。同时，玉在丧葬方面的特殊作用也使之具有了无比神秘的宗教意义。而由于玉的外表及色泽，人们把玉本身具有的一些自然特性比附于人的道德品质，作为所谓"君子"应具有的德行而加以崇尚歌颂，更是中国人的伟大创造。因此，玉是东方精神生动的物化体现，是中国文化传统精髓的物质根基。

陈设类

汉朝时期较为多见的陈设和田玉器品种有人物、动物、车马、玉兽头牌饰和陈设功能的容器。陈设玉器通常器型硕大，纹饰繁复华美，具有很高的工艺价值和艺术价值，是玉器中的佼佼者，弥足珍贵。

汉朝玉人

玉　人

汉朝的玉人在中国玉雕史上的地位极其重要，其艺术价值很高，大多的玉人都是以写实为主。这对我们研究汉代的服饰、发式、冠饰等有重要的意义。

玉　牌

汉代的玉牌形制大小均有，多琢成单面兽面纹，另一面为光素平板状，有的玉牌饰琢有螭龙图案。玉牌饰通常用较好的和田玉制琢，琢工也很精致，阴线雕凸、立体圆雕相结合。

清朝仿汉朝玉牌

动物器

汉朝玉雕动物种类繁多，形态各异，纹饰巧妙，其中最为常见的就是玉猪和玉熊。动物造型写实、夸张、抽象并用，呈现多彩多姿的境界。写实的动物不仅神态生动传神，而且极富灵动感。精湛的琢工，流畅的线条，注入了饱满的生命力，具有极强的艺术感染力。

此外，秦汉时期还出现了一些玉枕、玉辟邪、玉鹰等陈设类的玉器。

汉朝玉辟邪

美玉雅词

不吝金玉：直意是指不吝惜金玉，成语中的"金玉"是指宝贵的意思，不吝金玉是请人指教时的客气话，是欢迎批评指正，希望不要吝惜宝贵意见。出自清·荑荻散人《玉娇梨》第八回："兄如不吝金玉，即求小小做一套，待小弟步韵和将去，便无差失了。"

糖白玉一路连科插牌

和田玉兰香宜人牌
兰花自古有"花中君子""王者之香"的美誉，自古以来为君子所爱。此牌雕刻兰花这一传统题材，清秀雅致，意境幽远，其中阴刻雕琢的兰花更是增添了几分君子之风。

汉朝玉璧

礼　玉

汉朝时期和田玉器礼仪器在文献上所记载的 6 种礼玉"瑞玉"中只有玉璧和玉圭保留有祭祀用器的功能，玉璜和玉琥都作为佩饰，玉琮和玉璋几乎不再制作。

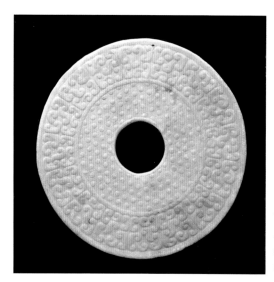

汉朝蟠虺纹谷纹地方玉璧

里圈雕有谷纹，中间雕有绳纹，外圈雕有蟠虺纹。地方料，玉质莹润硬度高。外径 11.7 厘米，孔径 2.8 厘米，厚 0.9 厘米。

玉 璧

汉朝时期的玉璧品种丰富，是最重要的丧葬礼器。基本上继承了战国的风格，饰蒲纹、谷纹、龙凤纹、兽面纹等。蒲纹璧是用浅而宽的横线或斜线把玉璧表面似蜂房样分割，分割面饰谷纹、兽面纹等。汉朝的玉璧比战国时期的玉璧略大，有的直径甚至超过 50 厘米，

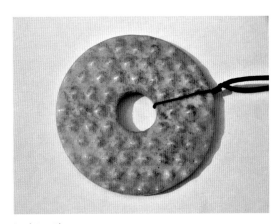

汉朝玉璧

这在以前任何时期都是没有的。玉璧是用于丧葬的器物，因此大多玉璧都是青玉料雕琢而成。玉璧表面亮而有光，似玻璃光但色暗。

汉朝时期的玉璧主要有 5 种：其中最常见的一种是蒲纹璧和谷纹璧，两面都有密集的蒲纹和谷纹，并配以网纹、云纹等，并且在内、外廓边缘各起弦纹一周，边廓较宽；一种是做工粗糙的玉璧，没有纹饰，且数量不多；一种是制作精美的廓璧，采用的是浮雕和镂雕相结合一种工艺手法；一种边廓较宽，在整个璧面上浮雕或透雕出兽面、凤鸟等动物形纹饰；一种是在谷纹璧或蒲纹璧的外缘透雕一周相互缠绕、均衡匀称的龙、凤、螭虎等兽鸟纹饰。

玉 圭

汉朝时期的和田玉玉圭数量不多，周朝以前，玉圭是身份、地位的象征。汉朝时期的玉圭相对之前变小了，从几厘米到 20 厘米不等。多为长方形，顶部有一尖角，尖角较长，无纹饰。青玉圭较多，白玉圭少。此时的玉圭基本上不再用来祭祀，更多的是殓葬意义。

玉 琮

玉琮出现于新石器时代薛家岗文化时期，西周时开始渐趋衰落，玉琮在汉

朝呈现衰落之势，西汉初年已经不多见，到了东汉几乎都已经见不到玉琮。玉琮从出现于薛家岗文化到汉代退出历史舞台，有 3000 多年的历史。玉琮在春秋战国以后，很少再用作礼器，通常都是用来陪葬。

黑玉琮

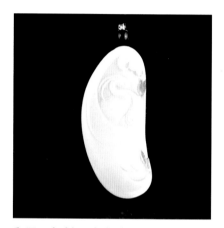

和田玉籽料一路连科把件

美玉雅词

堆金积玉：金玉为细软珍贵之物，一般在匣箱中锁起，如果堆放说明金玉太多，形容占有的财富极多，也有的可能为显富而为之，即出自李贺《昌谷集·嘲少年》诗："堆金积玉夸豪毅。"

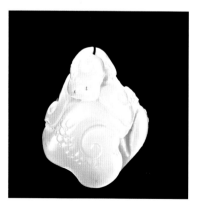

和田玉灵芝如意把件
该作品玉料的白度、细度均为上品，弥补了其微微瑕疵的缺憾。作者随形施艺，雕琢为灵芝如意造型，婉转有度，适于把玩。

玉文化

　　中国玉文化自古有之，其内容丰富多彩，涉及到的范围很广，对中国历史文化的影响深远，这些都是许多其他文化难以比拟的。中国的玉文化可以跟我国的长城以及秦朝的兵马俑等奇迹相媲美，其成就也远远超过了丝绸文化、茶文化、瓷文化和酒文化。玉和中国民族的历史、政治、文化和艺术的产生和发展都有着密切的关联，它影响着中华民族世世代代的观念和习俗，影响着中国历史上各朝各代的典章制度，影响着一大批文人墨客及他们笔下的辉煌巨作。中国古玉器世代单件作品的产出与积累，与日俱进的玉器生产技艺，以及与中国玉器相关的思想、文化、制度，这一切物质的、精神的东西，构成中国独特的玉文化，成为中华民族文化宝库中一个重要的分支而光照全世界。鉴赏中国古代玉器，我们不但要欣赏它们的工艺价值，更要研究它们深刻的文化内涵。

和田玉龙马精神牌

和田玉金蟾把件

此件白玉金蟾质润皮黄，油润细腻，利用原料的形状雕琢金蟾一对，黄皮俏色为金钱，雕工流畅自然，布局疏朗，寓意招财进宝，福上加福。

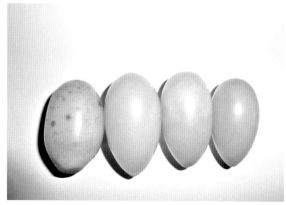

汉朝肛门塞

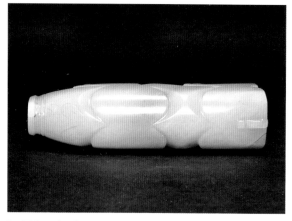

汉朝白玉握猪

葬　玉

葬之礼在中国起源很早，古人认为，以玉敛葬，可保尸身不腐，甚至可以起死回生。因此到了汉代，葬玉极为普遍，并已渐渐演变为一套包括玉衣、玉握、玉九窍塞、玉琀等葬玉的完善形式。

玉　衣

玉衣是供皇帝和贵族死后穿的葬服，又称玉柙或玉匣，是用许多四角穿有小孔的玉片并以金丝、银丝或铜丝相连而制成的。分别称为金缕玉衣、银缕玉衣和铜缕玉衣。根据历史记载，皇帝使用金缕玉衣，诸侯王、列侯、始封贵人、公主使用银缕玉衣，大贵人、长公主使用铜缕玉衣。

玉　握

玉握是指握于死者手中的葬玉，汉代常见的玉握是猪形即"玉豚""玉猪"，其他如璜形玉器有时亦作玉握使用。

玉琀

玉琀是含于死者口中的葬玉，始于商朝，在西汉的中后期流行起来。汉朝人的玉琀通常都是玉蝉，大概是取蝉饮露不食的习性，蜕变而复生的特征，赋予死者以清高的含义。

汉代的玉琀雕刻精美，神态栩栩如生。作为葬玉的玉蝉体形娇小，另外还有一些体形较大的玉蝉，雕琢精美，作为用来佩戴的装饰品。

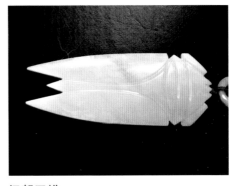

汉朝玉蝉

长 3.2 厘米，宽 1.8 厘米。1989 年出土于林西县白音长汗遗址，青玉质地，采用琢磨工艺制作，造型古朴。

美玉雅词

金科玉律：原形容法令条文的尽善尽美。现比喻必须遵守、不能变更的信条。出自汉·扬雄《剧秦美新》："懿律嘉量，金科玉条。"

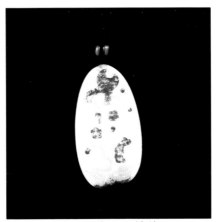

和田玉喜上眉梢牌

和田玉籽料弥勒挂件

椭圆形的籽料，雕琢笑口常开的弥勒，手执如意，福态尽出，作品圆润饱满，打磨光滑，寓意吉祥。

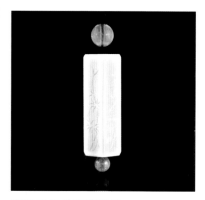

和田玉梅兰竹菊勒子

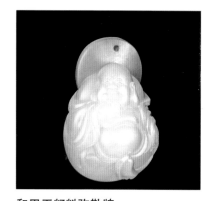

和田玉籽料弥勒牌

玉文化

"弄玉吹箫"的爱情故事一直流传至今，被世人所颂。相传在春秋时期，秦穆公有个小女儿名叫弄玉，她跟贾宝玉一样是带玉出生的人，不过与宝玉不同的是，她出生那天秦穆公正好得到别人进贡的美玉，晶莹洁白，是罕有的宝贝。她周岁的时候，按风俗要"抓周"。这块美玉放在一堆小器具和小玩具中，小公主慧眼识宝，一把抓住美玉就不放手，后来成为她喜欢把玩的随身之物。于是秦穆公就给她起了个小名，叫作弄玉。弄玉善于吹笙，她居住的地方有个楼台叫凤台。有一天，弄玉

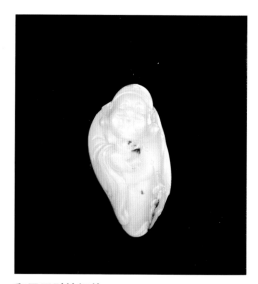

和田玉财神把件

此把件料质微糯，但白度较佳，局部留皮色。采用立体雕手法雕琢财神像，财神面相较为喜庆卡通，与传统财神的形象迥然有异，令人耳目一新。

在凤台上吹笙的时候，忽然有人唱和，当晚她便在梦中遇见一个俊美的男子骑着彩凤从天而降，站在了凤台之上，男子告诉弄玉："吾乃太华山之主，上天命我与你结婚，在中秋那天相见。"男子说完之后，就把腰间的玉箫解下，倚着栏杆吹奏起来，彩凤附和箫声而鸣，还跳起舞来。弄玉醒了之后，就派人去华山寻找，并且找到了他。在中秋之夜，一男子名叫箫史为穆公吹箫，奏完一曲，引来彩云缭绕；奏完二曲，引来赤龙飞舞；奏完三曲，引来凤凰和鸣。满朝文武和凡夫俗子都赶来看这千年不遇的景象，被仙界的光芒和超炫的音乐笼罩、震撼。穆公非常高兴，欣然将弄玉嫁给箫史为妻。半年之后某天夜里，弄玉夫妇在凤台吹箫，忽然有"紫凤集于台之左，赤龙盘于台之右"两人便乘龙乘凤，自凤台翔云而去。今有"乘龙快婿"，便是由此而来。

隋唐时期的辉煌

　　隋唐时期是中国古代文化发展史上的辉煌时期，这个时期的和田玉除了继承秦汉时期传统的制作工艺，同时又去其糟粕，取其精华，更融合了很多美术和建筑等相关的艺术，吸收了中亚、西亚等地的文化特色。兼容并蓄，融会贯通，形成自己独特的艺术风格，开一代玉雕之新风，对后世玉器的发展产生了重要的影响。

　　隋唐时期，丝绸之路进一步繁荣，和田玉的开采范围更为扩大，大量的和田玉料沿着丝绸之路运往中原。隋唐时期是和田玉的大发展时期。不过令人感到惋惜的是，隋朝统治时间太短，没有多少玉器流传下来，但是玉器的形式和发展相对之前有很大的继承和发展，这在玉器的发展史上起到了承上启下的作用。隋朝的玉器很注重写实，在写实的基础上又多加了一些艺术效果，但是跟

唐朝和田玉凤凰

重2128.52克，高14厘米，长23.5厘米，厚4.5厘米。
造型优美，头带冠花，张口，凤眼张开，欲振翅飞翔，
尾羽下垂，足爪锋利。此器制作工艺甚是精美，琢磨技
术精湛，刻雕线条自然流畅有力。整体配合对称均衡、
完美和谐，具有强烈的艺术感染力，可为唐代玉雕艺术
的代表作品之一。

隋朝汉白玉护法兽

唐朝玉器的雍容华贵相比还是略逊一筹。

　　唐朝是中国封建社会的高峰时期，是当时世界上最强大的国家，社会经济
空前繁荣，对外交流频繁，人民安居乐业，在艺术方面更是取得了巨大的成就。

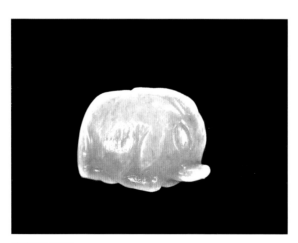

唐朝白玉猪

和田玉在唐朝是重要的外
交礼玉，整个唐朝，日本
遣唐使来唐不少于13次，
每次回国都是带回大量的
和田玉礼品。而鉴真东渡，
更是把和田玉外交推上了
一个新的高度。

　　鉴真出发之前，唐玄
宗李隆基亲自嘱咐："……
于阗之玉，勿遗。"意思是

不要忘了送和田玉。鉴真确实把镶着和田玉的珠幡 14 条，手幡 8 条，以及大量和田玉环、珠串等带到了日本。和田玉为扩大唐朝的政治、经济影响，为巩固唐王朝的邦交，立下了不可磨灭的功绩。

值得一提的是，唐朝的玉器数量并不是很多。因为在唐朝，最出名的是金银器的制作，富丽堂皇的金银器制作工艺在唐朝蓬勃发展，在一定程度上促进了玉器的发展。唐代玉器的制作工艺除了继承传统的玉雕工艺，更融入了当时的金银细工、雕塑、绘画等表现手法，去其糟粕，取其精华，形成了自己雍容

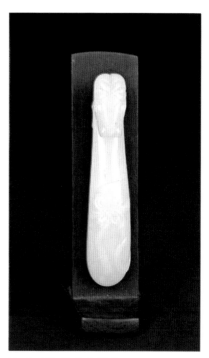

隋唐时期的马首带钩

华贵的艺术特色。

唐代时期，传统的礼玉已经彻底失去了以往辉煌的地位，只是作为一种象征品而存在。比如曾经作为最重要的祭祀礼器的玉璧，在唐朝时基本已经看不见了。即使发现了少量的玉璧，也都是作为装饰品而存在的。

唐朝盛行厚葬，但是用来陪葬的玉器已经极其少见了，充分说明从新石器以来形成的葬玉制度在唐朝已经基本消亡。而当时作为

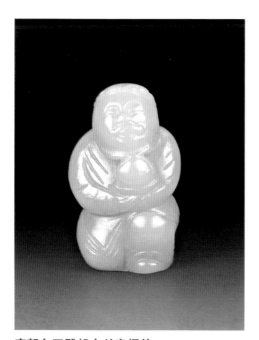

唐朝白玉雕胡人献寿摆件

隋唐黄玉神兽

唐朝青黄玉犬

唐朝青玉胡人带板

装饰和陈设的玉器成为主导地位，这类玉器在艺术制作上融合了金银细工、绘画、建筑等艺术的特色。尽管唐朝玉器出土的不多，但是件件都是精品，令人拍案叫绝，唐朝雍容华贵的玉器在中国玉器史上绝对称得上是一颗璀璨的明珠。

当时集三千宠爱于一身的杨玉环，对和田玉的喜爱达到了一种如痴如醉近乎疯狂的状态。她身上所佩戴的饰物很多都是和田玉所制，头上插的是玉步摇，睡的是和田玉枕，她洗澡用的清华池都是和田玉所制。据史记载，杨贵妃患有干渴症，嘴里经常含着一块和田玉。古书说："含玉咽津，以解肺渴。"和田玉让杨贵妃如花似玉，冰洁玉清，成为了一代倾国倾城的绝世佳人。

和田玉籽料妙相观音挂件

此作品温润细腻，作者依形施艺，浮雕观音法相。
观音法相饱满，神态端庄，具普渡众生之意。背面
一刀不琢，光洁素雅。

美玉雅词

怀璧其罪：直意身上藏有璧玉，因而成了罪过。转意比喻有才能的人遭到嫉妒。
出自《左传·桓公十年》："匹夫无罪，怀璧其罪。"

主要特点

隋唐玉器在制作工艺上继承了传统玉雕技法，同时又将同时代的金银细工、
绘画、建筑等方面的表现手法融合在了一起。隋唐时期的玉器艺术风格独特，
达到了一个前所未有的高峰，对后世的玉器发展起到了一个非常重要的作用。
隋朝的玉器注重写实，且实用玉器较多。唐朝玉器的主要材质是和田白玉，另
有少量青玉、碧玉等。唐朝的玉器雍容华贵，富丽堂皇，琢工精细，金银器上
的纹饰在玉器制作上表现得淋漓尽致，令人惊叹。

唐代出土的玉佩多光素无纹，说明在春秋战国到汉代极为盛行的佩玉，到唐代已失去它的光辉，正在走下坡路。唐代玉器上的人物、动物、花卉和之前盛行玉佩饰纹样大不相同，与宗教色彩艺术也不同。此外，因为受到中亚和佛教思想的影响，以人为本的思想完全确立。玉雕的造型更加接近现实，其内容更是多种多样。

有西域人，能歌善舞、吹拉弹奏各种乐器，场面欢快；还有骑象人等，构图新颖，刀法娴熟。总之，唐代的雕刻工艺精巧，注重整体造型的准确，又在细部刻画上下功夫，大中显精神，细中见灵气，具有丰满健壮、雍容大度、浪漫豪放的时代气息。其中较著名的有玉飞天，和佛教有关的莲瓣纹、吉祥草等也出现在玉器制作上。上层社会把人物、仕女、动物、花卉等当作艺术审美对象，与当时绘画风格相同，是以现实生活为题材，并有新的发展。

唐朝玉器上的纹饰最常见的是花卉纹，唐代玉器在装饰图案纹样上，广泛采用花卉纹，花卉图案非常完整，花蕾、花叶、花茎一应俱全。花纹平展丰满，层次分明，叶脉清晰可辨，并常和动物勾连，组成吉祥纹样。唐代工匠对许多传统的纹饰进行了深度的改造，彰显出自己的特征。

唐朝和田玉人
高9厘米，宽2厘米，厚2厘米。

玉质首饰品有钗、簪、手镯等，多为新疆和田玉，温润晶莹，精工细雕。而一直占据历史主导地位的礼玉和葬玉都已经退出历史舞台。唐朝的玉器制作工艺越发成熟，人物形象被刻画得活灵活现、生动传神。

唐朝凤首玉钗

其中以胡人形象居多，整体造型非常准确，又在细节处精雕细琢，充分将当时雍容大度、浪漫豪放的时代气息展现了出来。

玉文化

"和氏璧"

早在 2000 多年前的春秋时期，楚国有一个叫卞和的琢玉能手，在荆山（今湖北省南漳县内）里得到一块璞玉。卞和把在山中得到的璞玉献给楚厉王，厉王命玉工查看，但是玉工说这不过是一块普通的石头。厉王听信谗言，勃然大怒，以欺君之罪，砍去了卞和的左脚。后来武王继位，卞和又去献上璞玉，武王跟他父亲一样，听信谗言，以欺君之罪，砍去了卞和的右脚。再后来文王继位，卞和抱住他的璞玉在楚山下痛哭了三天三夜，眼泪流尽

隋唐时期的玉镇

长 7 厘米 宽 3.8 厘米。

和田玉龙凤呈祥牌

此牌设计颇为精妙，牌面仅以阴线刻制祥龙瑞凤
的上半身，宛转有致，而勾形回纹的点缀，则增
加了此牌的古朴意味，古意盎然。

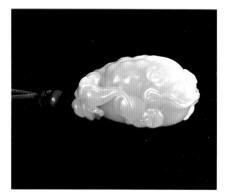

和田玉籽料金蟾挂件

了，就流出血来。文王看见他哭得如此伤心，便命人剖玉察看，证实那果然是一块
举世无双的美玉。于是把这块美玉琢成玉璧，为了奖励卞和献玉有功，遂以和氏之
名命名为"和氏璧"。

美玉雅词

怀瑾握瑜：瑾瑜均为美玉别称，直意是指衣里怀着瑾，手里拿着瑜。比喻人具有
纯洁优美的品德。出自《楚辞·九章·怀沙》："怀瑾握瑜，穷不知所示。"

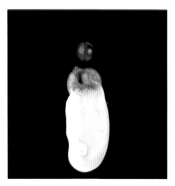

和田玉籽料鸿运当头挂件

和田玉籽料年年有余挂件

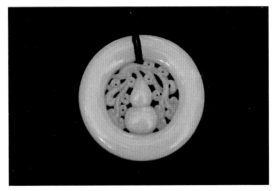

福禄

长5.5厘米，宽5.5厘米，厚1厘米。

收藏者刘鹏

主要种类

前文已经讲到，曾经在历史上占据主导地位的礼玉和葬玉到了唐朝已经呈现衰败颓势。在唐代，占据主导地位的是装饰类和观赏类的玉制品，生活玉器也占有很重要的地位，佛教玉器也开始盛行。装饰用玉包括玉带板、玉镯、玉簪和各种各样的动物形佩饰，艺术观赏类主要包括栩栩如生的玉人、玉兽、玉鸟等象生玉器，生活器具有羽觞、玉杯、玉碗等器皿和文房用具，另外还发现了许多玉册。

装饰类

玉带板

玉带是一种由数块乃至十数块扁平玉板镶缀的腰带，玉带板是皇帝和宦官士大夫腰间阔带上的板状饰玉，是古代官品位的标志。玉带有方形、长方形、桃形等，表面常雕琢各种图案。

唐朝胡人吹奏玉带板

唐朝龙头玉发簪
长 14.5 厘米。

唐朝玉镯

玉带始见于北周，唐朝趋于成熟，并被定为官服专用，唐朝以玉带入官服用以表示官阶的高低，因而带上的玉板也就成为区别官位的标志之一。玉带板有方形、长方形，半月形、鸡心形（又称桃形）等式样。唐代玉带板多为半浮雕，盛行西域题材纹饰，一般比较厚。有的带板还镶以金边，或以玉为缘，内嵌珍珠及红、绿、蓝三色宝石。

玉首饰

唐朝的玉制首饰很常见，除了文人雅士、达官贵人喜爱佩戴玉饰之外，平民百姓对玉饰也十分热衷。隋唐时期的宫廷贵族大多喜欢在手上戴上玉手镯，当时的玉手镯的形式多样，大多装饰精美，造型有圆环形、串珠形、绞丝形、辫子形等。而当时妇女最重要的一种头饰就是玉步摇，步摇的玉片上通常雕镂有精细的花鸟纹饰。

隋唐时期的飞天玉佩

唐朝玉胡人饰件

佩饰玉

隋唐时期的佩饰玉在玉器中占有很大比例，有人物佩、动物佩和植物佩。其中人物佩相对于汉朝时期，发生了很大的变化。因为隋唐时期，佛教盛行，因此人物佩大多都是以佛像为主题的作品。人物佩一般都呈片状，没有任何表情，舞动彩带飞翔，线条刻画也较简练，

能反映唐宋时期人物服饰的特点，具有一定的文物价值。动物佩的种类繁多，以马跟骆驼为主题的作品较为常见。动物佩造型写实，线条简练却传神，整体形象粗犷洒脱，富有人情味。

植物佩的工艺都非常精细，造型优美，一般都是以莲花、牡丹等花卉作为主题雕琢而成，具有相当高的艺术价值。

青玉薄胎双耳杯

此物件颜色青绿，素面光洁，器型规整大气，处处流露着雅气。

美玉雅词

金相玉质: 比喻文章的形式和内容都很完美。也形容人相貌端美。出自汉·王逸《离骚序》: "所谓金相玉质，百世无匹，名垂罔极，永不刊灭者矣。"

玉文化

在古文字中，"玉"字并没有一点，和帝王的"王"共用一个字。《说文解字》

白玉一家喜气牌

此作品的右上角松枝与梅花并出，下方仕女倚栏执扇，亭台楼阁隐于身后，右下角卧着乖巧的小猫，构图平衡，简约而不失细致。

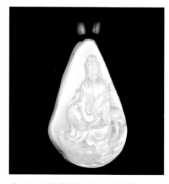

和田玉籽料净瓶观音牌

段注解释玉的字型为"三玉之连贯也",即三横一竖象征一根丝线贯穿着三块美玉。另"皇"字则是"白"和"玉"的组合。古文中"王"和"玉"字型相同,绝非是偶然的巧合,"天地人参通"与王之连贯,两者关系奥妙,意味深长。许多经学典著中有众多的描述,证明"三玉之连"实际上就代表"天地人参通"。《周礼·大宗伯》记载以玉作六器,以礼天地四方。本质上就是玉能代表天地四方,通过它,便能沟通天、地、人间的愿望和意识。

生活玉器

玉器皿

隋唐时期的玉制器皿数量开始增多,唐朝的玉质器皿主要有玉杯、玉碗、玉盒等。玉杯的种类很多,有云纹杯、莲瓣纹杯、人物纹杯,又有单耳瓜棱杯、羽觞杯、角形杯等,无不选料优良,琢磨精细。玉碗的造型则显得简单许多,碗壁通常较薄,大多都是成套制作。唐朝的玉盒数量不多,其工艺要求较高,一般器型较小,光素无纹。

玉文具

唐朝的经济发展空前,其文化事业同样非常繁荣。无论是书法还是绘画,在唐朝都非常盛行。各种文房用品供不应求,一些上等的玉质文具随之盛行。唐代的玉制文具主要有玉镇纸、玉笔架、玉砚台、玉笔杆等,大多光素无纹,典雅简约。

玉发具

唐朝的社会风气极其开放,妇女能够参加各种社会活动,那化妆和修饰就成为了非常重

唐朝青玉雕梳子

要的事情。正因如此，唐朝的玉发具盛行起来。其中以梳、簪、钗最为常见，簪头多琢有花鸟纹图案。唐朝的玉梳独具特色，与现代的梳子非常相似。玉梳大多都是半月形，梳背通常雕以大叶花纹或鸟纹，非常美观。玉簪在唐朝非常流行，种类繁多，也都非常美观。

美玉雅词

金口玉言：古代称皇帝讲的话，后来有时泛指说话不能改变。

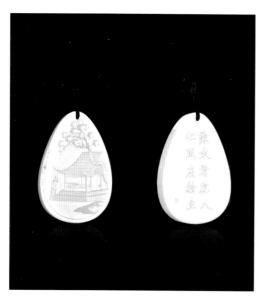

和田玉仁风应物牌

玉文化

古人认为玉石集天地之精华，具有超越自然的力量，认为佩戴玉饰或者使用玉制品，能增加精神上和心理上的抵抗力量，防御邪气的侵袭，扫除鬼祟的祸患，保障人和物的安全和吉祥。这种说法在古文献中记载也很多。例如《拾遗记·高辛》载："丹丘之地有夜叉驹跋之鬼，能以赤马瑙为瓶、盂及乐器，

白玉春似故人来方牌

一执扇仕女在繁花间的低首回眸，情意四溢，画面柔美轻盈，浅刻深雕，疏密得宜，清新之气扑面而至。作品牌形规整，布局合理，工白相应，画意十足，处处体现着精美之感。

财神

长5厘米，宽5厘米，厚0.8厘米。

皆精妙轻丽，中国人有用者，则魅不能逢之。"同时相信玉有使人长生不老的功能，相信通过食玉和服用玉类可以实现永远年轻的梦想。这一观念宣扬和使用得最多的大概要推道家的学术和法术了。东晋葛洪著《抱朴子》，其中《仙药》一卷说："玉亦仙药，但难得耳。"又说："服金者寿如金，服玉者寿如玉。"等等。

艺术品类

象生玉

唐朝的象生玉都具有很强的写实性，没有过多夸张的色彩，和汉朝的自由

唐朝玉龟龙

奔放形成鲜明的对比。象生玉大都是以现实生活中的动物为题材的，比如骆驼、牛、马、羊、鹿、虎、狮、龟、鹤、鹭鸶、孔雀等，造型简练生动，颇具写意风格，别有一番生活情趣。

玉雕人物

　　唐朝的玉雕人物种类繁多，选材广泛，其中最为有名就是玉飞天，以胡人为主题的玉雕也占有很大比例，还有一些神仙、佛像、仕女、童子等各种造型。

唐朝和田白玉舞人

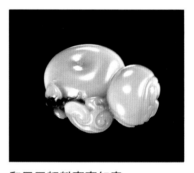

和田玉籽料事事如意

唐朝荔枝白净瓶观音

长10厘米，宽6.2厘米，高2.5厘米。此玉器玉色均匀，油润细腻，质地缜密，带荔枝皮，色泽莹亮。观音眉目慈祥，法相庄严，手拿净瓶。

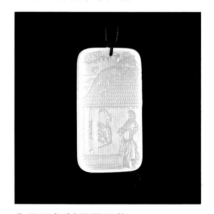

和田玉籽料思飘云物

唐朝的玉雕都将人物和动物生动地结合在一起，比如常见的胡人骑马造型等摆件。人物的造型也具有写实风格，只是不太注重细节的刻画，大多玉雕人物的面部表情都没有什么变化。

值得一提的是，佛教在唐朝占有非常重要的地位，跟佛教有关的玉雕人物也随之增多。其中玉飞天是唐朝玉器人物形象的代表作。通常情况下，玉飞天体态丰腴，上身裸露，手执莲花，肩披飘带，下身着紧贴于腿股的长裙，用阴线雕刻出各种褶皱，线条流畅。身下还有几朵细而长的透雕云纹或卷草纹，顶端向两侧分卷。头发通常用细密阴线刻画出来，细致入微。其人物形象的传神、比例的适中，均是唐以前所不能达到的。

和田玉籽料辟邪挂件

此件和田玉籽料雕琢，造型规整，依浮雕展现，取商代风格，大眼阔鼻，双目平视，神情庄重，工艺精细，布局合理，琢磨圆润，古意盎然，是一件仿古意精品之作。

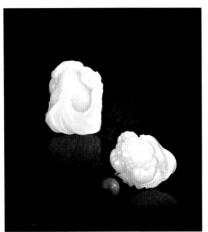

和田玉金玉满堂把件

此把件以夸张的手法来表现金鱼头部外凸的形象，以写实的手法来表现金鱼的身体与尾部，相得益彰，金玉满堂，寓意吉祥。

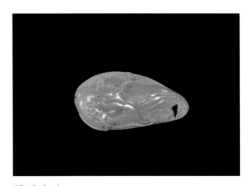

饕餮人生

长 4.2 厘米，宽 2.1 厘米，厚 0.7 厘米。

玉文化

"完璧归赵"是我国家喻户晓的成语故事，说的还是关于那块"和氏璧"。到战国后期，和氏璧被楚国用作向赵国求婚的聘礼，赠给了赵国。秦国也非常想得到它，就宣称愿以 15 座城池交换赵国的"和氏璧"。虽名曰交换，其实只想骗而取之，赵国也明白秦国的用意，但因惧怕秦又不敢拒绝，于是便派机智勇敢、足智多谋的蔺相如担任出使秦国的使者，护送"和氏璧"去秦国交换城池的任务，在谈判过程中，蔺相如识破秦王的阴谋，略施小计，从秦王的手中夺回了"和氏璧"，并顺利地带回赵国。后来，秦统一七国，"和氏璧"被秦始皇琢成"传国玉玺"世代相传，上刻"受命子天，既寿永昌"8 个篆字，成为帝王无上权力的象征。

白玉瑞兽把件

辟邪神兽，静则风收云聚，动则地火进发。古人借其神威以求消灾远祸，绵延福寿。此品白如珂雪，厚重紧密，尽显神兽灵圣之仪，明目炯炯，须齿凛然，魑魅闻风遁迹，鬼祟见之裂胆。得此庇佑，诸事泰安。

明清时期的鼎盛

　　明清时期是和田玉制品的鼎盛时期，是中国历史上生活用玉的大普及时代。中国古代玉器经过数千年的跌宕起伏，最终返璞归真。在明清时期成为风格高雅的艺术欣赏品，绽放出绚丽的艺术之花。明清时期文化艺术高度发达，社会经济极度繁荣，人们的审美情趣也随之增长，玉器使用的范围进一步扩大，玉料的产量也日益增多，碾玉技术也取得了重大的突破。在此基础上发展起来的明清玉器很快达到中国玉器制作的巅峰。其玉质之美、品种之多、雕琢之精、数量之多、应用之广，都是空前绝后。

　　明清时期，玉器工匠们将传统的线刻、浮雕、圆雕、镂雕等手法融会贯通，将当时先进的绘画、雕塑、金银细工等手法同玉器制作巧妙地结合起来。在传统纹饰图案的基础上又有选择地吸收外来文化的精华，展现出令人叹为观止的工艺水平，达到了出神入化的艺术境界。仿古玉器的造型足以乱真，俏色玉器

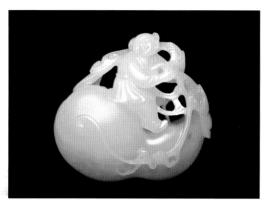

清朝白玉福禄万代童子

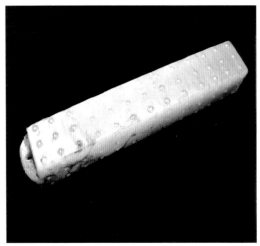

和田白玉琮形挂件

四面每面均雕有 39 颗乳钉纹，上端有一孔可穿线，下端有
纵向孔似琮形。玉质温润，沁色自然。尺寸：长 11.5 厘米，
宽 0.8 厘米，厚 0.8 厘米。

明清和田青白玉

色泽的组合天衣无缝，怎能不令人扼腕浩叹"山川之精英，人文之精美"！

　　明清玉器在中国古代玉器史上占有举足轻重的地位。据《明史》记载，明万历皇帝和后妃的墓中，随葬品计有和田玉挂佩 11 件、上等羊脂白玉玉圭 8 件，还有众多的和田玉首饰、佩件、陈设件和生活用具。随葬玉料计有：菜玉一块13 斤、菜玉一块 5 斤 12 两、玉玦 68 件，浆水玉料一块 11 斤，浆水玉料一块2 斤 8 两。器重和田玉的风气一直延续到清代，尤其是乾隆皇帝不惜斥巨资从新疆购进和田玉到内地琢制玉器，如现藏于故宫乐寿堂的"大禹治水图"玉山子，就是从新疆运往扬州进行琢制后又运回京城的玉器珍品。直到清末，翡翠的大量涌入，和田玉才渐渐变少。

　　明朝是资本主义萌芽时期，社会经济高速发展，人民的生活水平日益提高。因为明朝的历代皇帝对玉器的制作工艺都很重视，因此赏玉之风在民间也开始盛行起来。玉器成为了当时最为常见的一种装饰品，玉器在全国所有繁华的地方，

清朝青白玉镂空双蝶圆牌

已经成为一种不可或缺的行业。明朝工匠的地位得到了提升，待遇也得到了提高，这在某种程度上刺激了工匠们生产的积极性，促进了玉器的蓬勃发展。

正是在这种背景下，中国的玉文化被推向了高峰。到了明朝后期，玉器在社会上依然流行。而清朝又是和田玉史上一个用玉的鼎盛时期。到了清朝，新疆已经完全被中央统治，规定新疆每年向朝廷进贡两次玉料。因此每年都会有大量上等的和田玉输入内地。而每年所有的玉料加起来，多达两三万斤，其中很多都是和田玉中的极品。经过能工巧匠们的精雕细琢，很多作品都成为了旷世绝作。清朝政府禁止民间私自开采和田玉，但是由于当时的玉器普遍受到人们的欢迎，可以说是供不应求，这也必然导致清廷的政策无法得到严格执行。因为利益的驱使，民间走私和田玉的情况屡禁不止，政府也只能睁只眼闭只眼，不闻不问

清朝和田玉鼻烟壶

了。每年都有大量的玉料输入内地，这就为清朝的玉器走向鼎盛打下了坚实的物质基础。而乾隆皇帝对玉器的喜爱更是到了如痴如醉的程度，他的很多玉玺都是和田玉所制，这对玉器的制作和发展起到了推动作用。

由于玉器受到了皇家的重视，民间自然也随之效仿，很多能工巧匠也层出不穷。各种规模的民间玉器作坊也开始出现，制作的玉器数量之多令人咋舌。这些民间作坊制作的玉器在选材上略显粗糙，制作上也不够精致，但是却充满了生活情趣，更贴近大众生活。清朝康乾盛世，也是和田玉人物玉雕的盛世。清朝和田玉鼻烟壶，是玉制生活用品中的一绝，前无古人，后无来者。

美玉雅词

金题玉躞：金题是指金字题签，玉躞系缚卷轴用褾的带上的玉别子，指精美的书画或书籍的装潢，也有泛指装饰精美的礼品。出自宋·米芾《书史》："隋唐藏书，皆金题玉躞，锦贉绣褫。"

阴刻籽料牌

长 6.5 厘米，宽 5.5 厘米，厚 0.7 厘米。

和田玉籽料意欲凌风翔牌

此牌为椭圆形，深浮雕娇媚仕女，托抱琵琶，低首沉吟。作品设计简洁，层次分明，风格明显，虽体小而意足，为绝妙小品。

白玉、黄玉辟邪挂件

此一对辟邪，一白一黄，造型一致。辟邪双耳竖立，
双目圆睁，面目凶猛，四肢强壮有力。体型卷曲，
一副俏皮可爱的样子，削弱了辟邪的凶猛气势，使
作品传达出亦庄亦谐的气息，呈现出一种和谐之美。

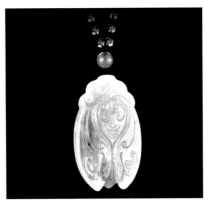

和田玉籽料一鸣惊人挂件

和田玉籽料，皮黄质润。蝉的头部刻画有力，
双目斜凸于两侧，额头装饰如意纹，背脊弧度
平整，双翼长而宽，优雅适度，腹部可见线纹
数条，琢工干净利索，简练流畅。

玉文化

有一个关于玉的典故，叫作"子罕辞玉"或者"子罕弗受玉"。春秋时期，
宋国有位叫作子罕的官员，为官多年，廉洁清正，深受百姓爱戴。有一天，有个
百姓为了表达对子罕的敬重之情，将自己视为无价之宝的璞玉献给子罕，璞玉外
表没有什么特别的地方，但却是价值连城的宝贝。子罕说："我一向把廉洁奉公
视作珍宝，你把璞玉当成宝贝，要是你把璞玉献给我，那么我们俩人就都失去了
各自拥有的宝贝，反倒不如你把它拿走，我们二人就都能保住自己的宝贝了。"

献玉的老乡感到非常羞愧，于是跪拜于地，说出原委。原来乡下盗贼蜂起，
若把玉留在家中，难免遭劫，甚至招来杀身之祸。献玉则既表示敬意，又可免
杀身之祸。子罕听完老乡的陈述之后，就将他安置在城中居住，同时派人督察
乡里加强缉盗，又命玉工把这块璞玉拿去打磨。果然是色质晶莹，光泽柔和，
世间罕有，极其珍贵。子罕又命人将玉卖了一大笔钱，交给献玉人，叫他回乡
去过安宁日子。

"子罕辞玉"也就作为廉洁正直的佳话一直流传下来，为人们所传颂了。

明朝玉器的主要特点

　　明朝初期的玉器没有形成自己的风格，主要沿袭了之前的制作工艺，此时的玉器大多精雕细琢，但还是不够注意细节问题。明朝初期的玉制品主要有玉带板、玉圭、冠饰、玉佩和一些文房用具。到了明朝中期，出现了一批具有文学色彩的玉器，造型和纹饰简单质朴。玉器大多都小巧玲珑，充满文人情趣。到了明朝晚期，玉器制作仍然兴盛，而且这个时期的玉器种类繁多，造型丰富多彩，制作精美绝伦。有玉带钩、玉佩等各种装饰用品，有各种玉制器皿。而

明朝和田玉将军扣
此物件雕工精美，晶莹剔透。
直径为 4.8 厘米，厚 0.6 厘米。

且很多的玉器上镶嵌着金银珠宝，显得更加绚丽多彩。

明朝的仿古玉器非常多，很多都制作精良，达到了以假乱真的程度。明朝玉器的选材精良，主要都是和田白玉、青玉，另有少量碧玉、黄玉和墨玉，玉色有羊脂白色、乳白色、青白色、青灰色、绿色、黄色、褐色、墨色等。明朝早期的玉器大多都是以和田白玉作为材料制成，其造型多是以现实生活中常见的人物、动植物等为题材。明朝中期以后，南方和北方的和田玉器呈现出了不同的风格。北方所追求的是整体的艺术效果，大多都气势雄厚，刀工利落却不乏刚劲，不拘泥于细节，因此有"粗大明"之称。当然这只是北方玉器的风格特色，并非是整个明朝的艺术风格。南方的玉器在选材上就非常认真，对工艺技巧更是要求严格。其玉器大多都是玲珑精致，晶莹剔透。因其做工精细，被称为"南细工"。

明朝玉器上的纹饰，绘画意味浓厚，大多图案都象征着吉祥如意，比如八仙、三羊、梅花鹿、鱼化龙、福禄寿三星等，寄托了人们的美好愿望。而且明朝玉器上的纹饰多为古代纹饰，如兽面纹、凤纹、螭纹、蒲纹、谷纹、龙纹、勾连云纹等。明朝的经济发达，文化领域更是发展空前，尤其是绘画艺术受到文人的追捧。明朝玉器的纹饰便增加了很多绘画的风格特色，而且明代玉器的蟠螭纹数量很多。明朝的制玉工具大部分都是水凳，这种新型工具提高了玉器的生产效率，是琢玉工具史上的一次重大进步。明朝的镂雕工艺达到了一个登峰造极的程度，在平面片状的玉料上能雕出两层、三层不同的图案，内部和表面完美和谐，被后世称为"花上压花"，连清代玉匠也自叹弗如。另外，圆雕工艺更加精湛，更臻圆熟、精纯，许多作品堪称圆雕之珍。而且这时收藏玉器逐渐成为一种风尚，人们不仅热衷于收藏古玉器，就是当朝作品也一并收藏了，这也就导致当时出现了大量的仿古玉器。

玉文化

在新疆维吾尔族民间流传着这样一个传说：玉是美丽而善良的姑娘的化身。相传古代于阗国的玉河畔，居住着一位老石匠，他技艺高超，无人能比，他有

和田玉籽料步步高升把件

由和田玉籽料雕就，留灿黄皮色，雕琢为竹笋孕育时
的状态，利用阴刻线来表现竹笋叶片，处理得别具匠心。

个徒儿，人们叫他小石匠。就在老石匠60岁大寿的时候，他在河中捡到了一块
很大的羊脂玉，精心琢成一个非常漂亮的玉美人。老石匠情不自禁地说："我
已经有了一个徒儿，要是再有这样一个女儿该多好啊！"没想到石匠心想事成，
这玉美人变成了一个活泼可爱的姑娘，貌若天仙，并拜老石匠为父，姑娘被老
石匠取名叫塔什古丽。但是好景不长，还没有多长时间，老石匠就去世了。塔
什古丽与小石匠相依为命，相亲相爱。当地有一个穷凶极恶的人，横行乡里，
鱼肉百姓，见过塔什古丽的美貌之后，就对她垂涎三尺。一天趁着小石匠不在，
恶霸就把美丽的塔什古丽抢走了，妄图强迫成亲。塔什古丽宁死不从，恶霸恼
羞成怒，拔出钢刀向塔什古丽砍去。她身上顿时发出耀眼的火花，汇成一团熊
熊烈火，把恶霸的府第点燃了，而自己化成一股白烟，向故乡昆仑山飞去。小
石匠得知后，骑马去追，他沿路撒下了小石子成为后人找玉的矿苗，传说所产
的羊脂玉是玉美人的骨肉形成的。维吾尔族人民历来崇玉爱玉，谚语说："宁
做高山上的白玉，勿做巴依堂上的地毯。"

和田玉籽料春暖芙蓉把件

作者将红皮俏色为张生与崔莺莺相会的场景，张生揽崔莺莺入怀，崔莺莺欲迎还却，满脸娇羞之态，让人浮想联翩。此作最妙之处在于对皮色的巧妙处理，保留了大量的红皮，寥寥几笔在红皮之上就雕琢出了张生的宽袍广袖，极具视觉冲击力与空间想象力。

美玉雅词

荆山之玉：荆山指山名，此山产宝玉，据传和氏璧就出自此山。比喻极珍贵的东西。出自三国魏·曹植《与杨德祖书》："人人自谓握灵蛇之珠，家家自谓抱荆山之玉。"

明朝玉器的主要种类

　　明朝的玉器种类繁多，其中明朝的玉制器皿较多，主要有玉杯、玉壶、玉碗、玉盒制作器皿及仿青铜器器型制作的鼎、樽、爵、觚等仿古器皿。明朝时期制作的器皿典雅高贵，其仿古器皿也都极具特色。当时仿古玉器盛行，尤其是其中的精品达到了以假乱真的程度。

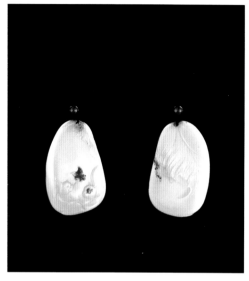

和田玉籽料耄耋富贵把件

此作品雕双猫嬉戏图，线条简洁却不失动感，留白之处一只俏色蝴蝶翩翩起舞。整件作品细致流畅，刻画惟妙惟肖，甚是传神。

美玉雅词

金友玉昆：昆指兄弟。比喻一门兄弟才德俱美，"昆玉"为兄弟的美称。出自北朝·魏·崔鸿《十六国春秋·前凉录·辛攀》："辛攀，字怀远，陇西狄道人也。兄鉴旷，弟宝迅，皆以才识著名。秦、雍为之谚曰：'三龙一门，金友玉昆。'"

玉文化

　　《玉梳记》是元末明初的杂剧，也叫《对玉梳》，全称《荆楚臣重对玉文化玉梳记》，写的是扬州秀才荆楚臣与"松江府上厅行首"顾玉香由相恋到结合的曲折经历。顾玉香对"送旧迎新"的卖笑生涯早有不满，认为自己这种妓女是"败人家油狄髻太岁，送人命粉脸脑凶神"，早就有从良之心。顾、荆二人相爱两年，情投意合，但此时荆楚臣的金钱用尽，遭鸨母羞辱，并被逐出。顾玉香鼓励荆楚臣赴京应试，考取功名，临别时，玉香将珍爱玉梳"掂作两半"，

黄玉观音牌

此牌为纯正黄玉雕刻而成，黄色均匀，油润如脂，
料极佳美。浮雕观音一尊，工艺细致，较为难得。

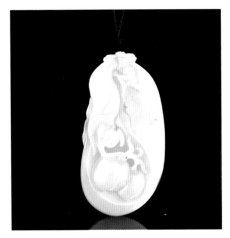

和田玉籽料仙鹤挂件

二人各持一半作为信物。荆楚臣走后，玉香相思忧烦，"茶饭少进，脂粉懒施""朝忘餐食无味，夜废寝眠难合"，闭门拒客。后来玉香逃出妓院，赶往京都去寻找荆楚臣，途中遭富商柳茂英拦截，持刀相逼。正好赶上楚臣状元及第，正赴任路过，便将玉香救出并与之相认。顾、荆二人团聚，将玉梳"令银匠用金镶就"，永存留念。由此杂剧不难看出，玉梳是男女定情之物，是整个戏剧中必不可少的线索，也间接说明玉文化在某种程度上影响了当时的文学。

玉器皿

玉制器皿对玉料的要求很高，而琢玉的难度也较大，玉制器皿在隋唐之前很少见，宋元之后在数量上才有所增多。到了明朝，玉器皿才大量出现。明朝的玉器皿的壁通常都比较厚，其造型不拘一格，种类繁多，镂雕、浮雕、线刻等多种手法紧密结合，制作异常精美，是明朝玉器中的代表性器物。明朝的玉制器皿主要包括玉杯、玉合卺杯、玉执壶、玉花插。其中玉杯是明朝比较常见的一种器皿，玉杯的种类很多，而且大多都造型奇特，形态不一。

明朝青玉雕梅花花插

　　合卺杯是古代婚礼上用来喝交杯酒的专用杯子。两杯相连，中间相通。玉执壶有很多的形式，其中包括荷花式、竹节式、八方式等，其图案装饰更是五彩斑斓，丰富多彩，其中大多为吉祥、祝福的图案，如八仙庆寿、松鹤寿星。有些壶上还雕有"寿"字，一般在壶盖上均立雕出寿星、仙桃等装饰。玉花插就是用来插花的器皿，目前发现的最多的花插就是明朝的玉花插，以灵芝形、玉兰形最为常见。

美玉雅词

　　金玉良言：比喻非常宝贵的劝告。元·王实甫《西厢记》第四本第三折："小姐金玉之言，小生铭之肺腑。"

和田玉籽料知音把件
作品主体设计为写意的竹节，在竹节上写实刻画"知了"，俏色雕琢琵琶，取其"知"与"音"，来点出作品的主题。作品写实与写意结合，雕工细致，值得细细品味。

礼器类

　　玉制礼器到了秦汉时期就已经出现颓势，到了唐朝时期几乎都绝迹了。但是明朝之后，因为受到儒家典型的"法先王"思想的影响，绝迹的礼玉犹如雨后春笋般大量出现了。明朝的礼器大以玉璧和玉圭为主，此外还有少量的玉琮，其中玉璧的数量不算多，其所用玉料大多都是和田玉中的青玉和白玉。

　　当时的玉璧主要有两种形式：一种是玉璧的一面为浅浮雕螭虎纹，另一面仿自战国时代的谷纹或云纹；另一种是根据古文献记载中的玉璧式样加以仿制，璧的两面均饰有仿战国、汉代的谷纹或云纹，然后在璧体的边沿外增加其他装饰。另外，明代还开始出现八卦纹饰的土璧。玉圭是明朝非常重要的一种礼器，而且数量较多，通常都放在华美精致的盒子里，其纹饰主要是谷纹，另外还有"山"字形纹、中间起脊的双植纹等。

明朝玉琮

明朝玉璧

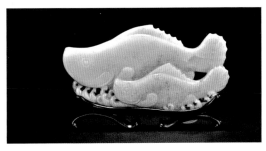

明朝玉雕双鱼摆件

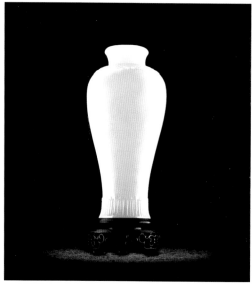

白玉薄胎梅瓶

此作品造型比例适中，宽肩渐敛至底，肩部饰
西番莲如意纹，瓶身光素无纹。圈足规整，底
部饰莲瓣纹一周，流畅生动，清雅可人。

美玉雅词

金玉满堂：原来形容占有很多财富，黄金和美玉摆满全屋。后来比喻人很有才能，
学识丰富。出自《老子》第九章："金玉满堂，莫之能守。"

装饰类

　　自古以来，古人就有佩
玉的习惯，其中《礼记·玉
藻》曰："古之君子必佩玉，
君子无故，玉不离身。"

　　玉本身具有一种高雅、
圣洁的美，是其他东西不能
替代的。所以在古代，无论
男子还是女子，身上都常常

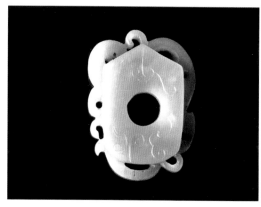

明朝和田白玉坠

佩戴玉环绶。这也是时刻提醒自己，做人也要像玉一样清透而温润，品行举止要如玉，自始至终都怀有高尚的美德。到了明朝之后，这种佩戴玉饰的风俗一直盛行。明朝主要的玉饰包括玉组佩、玉头饰、动植物形玉佩、玉带板、玉坠等。其中玉组佩是所有玉饰品中的代表，玉组佩在春秋战国时期较为盛行，到了秦汉开始衰落，唐宋时期几乎绝迹。

但是到了明朝的时候，这一华丽的佩饰已经成了官吏冠服制度中必要的组成部分。从目前所发现的明朝玉组佩来看，主要由珩、踽、璜、琚、冲牙等不同部件组成，形状有叶形、云形、鸡心形、菱形、长方形、椭圆形，各部件之间还有玉人、鱼、蝉、兔、鸳鸯等小象生玉部件。中间用数百颗玉珠连在一起，人一走，这些玉件就发出清脆悦耳的声音。当时除了盛行玉组佩之外，一些玉制头饰也非常流行。玉制头饰种类繁多，其中的典型代表当属玉钗和玉簪等。明朝的玉钗和玉簪的钗身和簪身多为金质，钗头和簪头则以镶嵌有多类红、蓝宝石的玉为主体，或雕琢成佛像，或雕琢成花瓣形，色彩绚丽，引人注目。

明朝白玉雕臂环

明朝玉兽
长 8 厘米，宽 5.5 厘米。

明朝白玉马上封侯

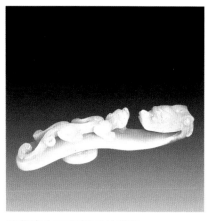

明朝青白玉雕螭龙纹带钩

而以动植物为题材的玉佩则是玉饰中数量最多的，明朝的动物佩饰题材非常丰富。既有像牛、马、羊、骆驼等现实中常见的动物，也不乏龙、凤、饕餮、麒麟等传说中的异鸟神兽。

清朝的主流纹饰也沿袭了明朝的这些纹饰。这时这些神兽不像汉朝那样雄壮威武，反而更多表现出肥胖、圆润的特点。植物形的佩饰题材广泛，主要是莲花、松、竹、梅等植物，还有一些瓜果形的佩饰。只是植物形的玉佩数量繁多，整体的工艺质量稍有下降，线条大多较为平直，构图也比较简单，整体制作粗糙。对植物的一些细节特征没有雕琢出来，只是用简洁明快的线条将植物的基本特征表现出来了。

明朝的玉带板是当时官服重要的组成部分，只有官阶达到了一定的品级才能使用玉带板。明朝的玉带板跟唐宋时期的玉带板结构大体相似，以长方形、方形和桃形居多，有素面和饰纹两种。

其中，明朝玉带板上最具代表性的纹饰就是穿云龙纹。值得一提的是，在明朝嘉靖、万历年间有一位杰出的琢玉大师，叫陆子冈，苏州人，他是

和田玉鹅如意把件

个很好的玉雕师傅，喜欢在自己雕的作品上留下自己的名字"子冈"。据载因为他的玉雕在当时比较有名，所以皇上就让他为自己做一把玉壶，但是不能在上面留名，陆子冈说不留名字就不雕。皇上说那就是抗旨要被砍头，陆子冈在无奈之下就接了圣旨。玉壶做好以后，呈给皇上看。皇上很仔细地看了一遍，发现上面没有落款，而且做工非常精细。皇帝非常满意，就随身带着。有一次皇上一时兴起非要自己来冲洗这把壶，皇上在洗的时候，摸到里面有一处感觉不平有点磨手，就拿到阳光下仔细观看，觉得磨手的地方像是有字，再仔细一看发现里面确有"子冈"的落款。皇上特别生气，就把陆子冈宣了来，以欺君之罪将其推出斩首。一个玉雕大师就这样走到了人生的尽头。他的玉雕作品飘逸脱俗，俊秀逼真，巧夺天工，精妙绝伦，在当时震惊朝野，可谓是家喻户晓，妇孺皆知。他所雕的玉牌饰在当时被称为"子冈牌"，其中比较有名的作品有玉牌饰、合卺杯、竹筒形杯、百乳白玉蝉、白玉印池、玉簪等，这些作品受到了包括皇帝在内的皇亲贵族、文人雅士的极端推崇。

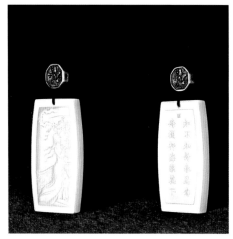

和田玉籽料少女倚栏牌

美玉雅词

金玉其外，败絮其中：意思是外面像金像玉，里面却是破棉絮。比喻外表很华美，而里面一团糟。出自明·刘基《卖柑者言》："观其坐高堂，骑大马，醉醇醴而饫肥鲜者，孰不巍巍乎可畏，赫赫乎可象也？又何往而不金玉其外，败絮其中也哉？"

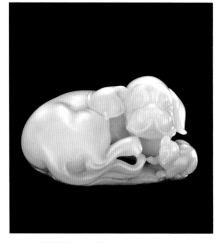

和田玉籽料母子情把件

玉文化

　　陆子冈是我国第一位在玉雕作品上署名的艺人，是明朝最著名的琢玉大师。在许多文人笔记中都有记载，张岱《陶奄梦忆》中："吴中绝技，陆子冈治玉之第一。"《苏州府志》载："陆子冈，碾玉妙手，造水仙簪，玲珑奇巧，花茎细如毫发。"徐渭《咏水仙簪》中："略有风情陈妙常，绝无烟火杜兰香。昆吾锋尽终难似，愁

黄玉马上封侯

此物件材质色调饱满，颜色均匀，圆雕上立俯身的骏马，顽皮小猴伏于马上，生动逼真，取其谐音"马上封侯"，寓意官运亨通，仕途顺畅，事业有成。

杀苏州陆子冈。"道出了陆子冈精湛的治玉技艺。明代以陆子冈及其作品为代表的苏州玉雕的艺术成就和清代以琢玉作坊为模式的苏州玉雕的市场规模和影响，造就了苏州玉雕品牌在全国至今都难以磨灭的魅力与影响。直到今天，刻有陆子冈款的玉器仍有许多流传于世。

仿古玉器

明朝的仿古玉器非常多，其中一些精品更是达到了以假乱真的程度。明朝的仿古玉器主要包括玉鼎、玉樽、玉觚。明朝仿制的玉鼎是各个朝代之中最好的，不仅把商周古铜鼎的韵味表现出来了，其线条简练，做工也精致。明朝的仿古玉樽跟玉觚也是比较有名的，这两种玉器的仿制品非常多，而且器型颇有古韵，造型自然逼真，纹饰简洁粗犷。

明朝仿古和田玉螭龙纹玉圭

清朝玉器的特点

　　清朝仿古玉器的制作达到了顶峰，虽说明朝的仿古玉器就已经达到了一个相当高的水平，但是清朝的仿古玉器则更胜一筹。清朝的仿古玉器仿古而不拘泥于古玉器，可谓是"青出于蓝而胜于蓝"，中国古代仿古玉器的制作水平也达到了最高峰，质朴浑厚的清代仿古玉器与玲珑剔透的时做玉器交相辉映，相辅相成，共同组成了绚丽辉煌的清代玉器文化。

　　当时制作的仿古玉器，其形制或参照宋元明金石学著录中的造型，或直接依照旧器物的造型进行仿制，还有的部分借用古代器物的造型，将不同时代的

清朝白玉刻松下访友牌
长6厘米，宽4厘米。

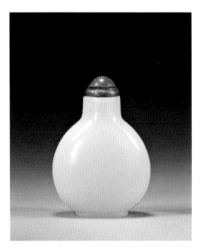

清朝白玉鼻烟壶

器形有机地融合在一起。至于上面的纹饰，分为仿古纹饰和具有本时代特征的纹饰两种。造型和纹饰完全仿制古代的器物，惟妙惟肖，达到了以假乱真的境界。若不是刻有"大清乾隆仿古"或"乾隆仿古"等款识，很多专家也无法辨认出是哪个朝代产出的玉器。乾隆晚年仿制的商周彝器，更是数千年来无人能够超越的仿古玉器。此种玉器按照青铜样式仿制，其浑厚质朴、端庄典雅、古色古香的特点令世人为之倾倒。

　　清朝玉器的主要玉料就是和田玉，其中以白玉和青玉居多，其次是碧玉、黄玉、墨玉等。清朝玉器的造型都非常别致，纹饰雕琢精巧，具有很强的写实性和浓郁的生活气息。清朝的玉器不仅全面继承了各个朝代优秀的制作工艺，更借鉴了绘画、建筑、石雕和金银细工等艺术的精华，制作出了很多精美的玉器。其中薄胎器皿和在玉器上轧嵌金锹花纹的技术更是对古代琢玉技术新的发展和贡献。

　　清朝琢磨出来的玉器，线条直，方圆合于规矩，干净利落。清朝玉器的纹饰并没有多大创新，主要是对之前所有朝代的纹饰加以总结，对其进

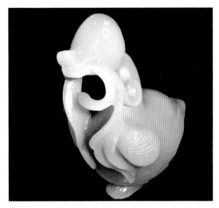

和田青玉籽鹅衔穗

小巧可爱，密度好，十分温润。

翠玉白菜

清朝　长 18.7 厘米，宽 9.1 厘米，厚 5.07 厘米。翠玉白菜与真实白菜相似度几乎百分百，洁白的菜身与翠绿的叶子，都让人感觉十分熟悉而亲近。菜叶上停留的两只昆虫，是寓意多子多孙的螽斯和蝗虫。此件作品现置于北京故宫博物院，原置于紫禁城的永和宫，永和宫为光绪皇帝妃子瑾妃的寝宫，因此有人推测此器为瑾妃的嫁妆，象征其清白，并企求多子多孙。

一步修饰和美化。清朝的玉器纹饰是集古代玉器纹饰之大成，达到了一个前所未有的高峰。清朝玉器的图案多是花鸟草虫、人物山水、历史故事、神话传说以及寓意吉祥如意、福禄寿喜之类的图案或文字，尤其是一些表现人物故事、山水、庭院、花鸟的图案较多，其构图明显受到清朝绘画的影响，丰富饱满。

清朝玉器的制作工艺发展迅猛，尤其是到了乾隆时期，纹饰五彩缤纷，风格多种多样，技法高超，是清朝玉器制作的代表，因此被人们称为"乾隆上"。乾隆时期的玉器制作工艺相当繁琐，所有的细微之处都要求做到一丝不苟。而当时的宫廷玉器雕琢低昂精致，可谓是件件精品。线条不仅平直圆润，角度规整匀称，转折流畅自然，并且都是一气呵成，结合缜密，绝无断刀或续刀的接痕和毛碴，达到了出神入化的地步。所有玉器表面的抛光工艺精细，器表光润细腻，大多呈现出脂肪状或蜡质光泽。

美玉雅词

金枝玉叶：指出身皇族的后代、王孙公子或出身高贵的公子小姐。出自晋·崔豹《古今注·舆服》："与蚩尤战于涿鹿之野，常有五色云气金枝玉叶止于帝上。"

和田玉仿古四灵佩

青龙为东方之神，白虎为西方之神，朱雀为南方之神，玄武为北方之神。龟蛇合体，故有"青龙、白虎、朱雀、玄武，天之四灵，以正四方，王者制宫阙殿阁取法焉。"此佩黄色沁入玉体，尤为惹眼，浮雕四大神兽，动感传神，颇具古韵。

清朝玉器的主要种类

清朝的玉器保存下来的非常多，光是北京故宫博物院就藏有数万件玉器。玉器的种类齐全，而且大多都制作精美，工艺水平相当高。清朝的玉器是中国玉器制作史上的最高峰，代表了清代乃至中国古代玉器的最高成就。

清乾隆和田玉炉精品

高13厘米，长22厘米。玉质致密细腻，油光晶莹，极其润泽，其包浆醇厚。造型精美，雕工细致。是一件乾隆和田玉炉的精品。

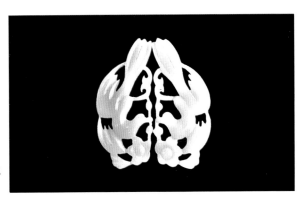

清朝和田玉喜鹊登梅对牌

长5.4厘米，宽2厘米。

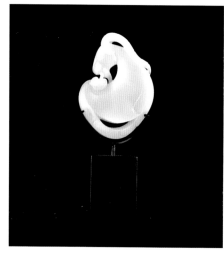

和田玉籽料大吉祥摆件
此作设计极为精巧，做工亦为精湛，将羊的温顺可人之态表现得淋漓尽致，且适于把玩，造型别致，寓意吉祥。

美玉雅词

锦衣玉食：直意华丽的衣服，精美的食品，形容奢侈豪华的生活。出自《魏书·常景传》："锦衣玉食，可颐其形。"

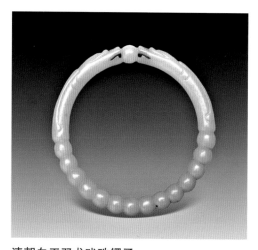

清朝白玉双龙戏珠镯子

装饰类

　　清朝的皇帝大多都崇尚古制，选用了很多质地精良的和田青玉和白玉制作了很多玉璧，这些玉璧有些用来祭天，有的则用来玩赏。

　　清朝的统治者对玉的喜爱很大程度上推动了民间玉器的制作与发展。清朝装饰类的玉器主要包括玉璧、玉环、人物佩、动植物佩、玉镯、玉带钩等。

当时在民间出现了很多仿古的玉璧，大都作为陈设品和装饰品。清朝装饰类玉璧大多为小型璧，璧身较厚，中间的孔较小。上面的纹饰有很多样式，既有仿制古代的谷纹、蒲纹、蟠螭纹、龙凤纹、云纹等，也有具有时代特色的花草纹、阔带儿何纹，含

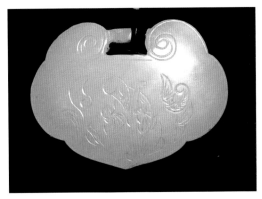

清朝和田玉锁
长7.5厘米，宽5厘米。

有吉祥寓意的动物图案等。到了清朝中期，考古成为一种风尚，人们开始大量收集商周及秦汉玉璧，不仅纷纷仿制这些玉璧，还把很多素面无纹的玉璧上雕琢上纹饰。可是到了清朝后期，玉璧的质量大不如前，在选材上不细致，做工也粗糙，工艺水平大大下降。

清朝时期的玉环有一种只是作为陈设和玩赏，另一种则是纯粹的装饰品。前者比后者稍大些，上面琢有仿古的谷纹、蒲纹、蟠螭纹、龙凤纹等，但是这

清朝道光时期的玉环

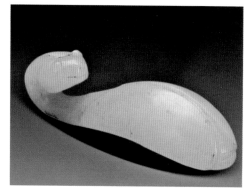

清朝白玉雕螳螂形带钩

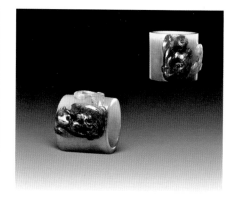

清朝黄玉留皮扳指

些纹饰只是模仿了古代纹饰的形，并没有表现出古代纹饰，有古之形而无古之意，线条趋向圆润，缺乏刚劲有力的风格；另一种属于制成玉环和玉玦的形态，纯粹是作为装饰品使用，形制稍小，形态复杂，有仿古式的，也有做成当时风格的，上面的纹饰也非常复杂。

总体来说，清朝时期的动植物佩饰跟明朝的制作工艺大体相似，只是在对玉饰的处理上更加注重细节，而且清朝注重对玉材的合理利用，这样就避免了玉材的浪费。

玉带钩到了清朝因为没有什么实用价值，基本上退出了历史的舞台。不过，当时仍然制作了一批玉带钩作为装饰的仿古器物。清朝的玉带钩在做工上比明朝要精细很多，钩头的样式很多，不仅有传统的龙纹、凤纹、蟠螭纹，还有当时流行的动植物纹饰。

但是清朝的玉带钩无论是工艺水平还是艺术水平，都缺乏汉代严谨、流畅的风格，均难以与汉代玉带钩比肩。但就玉质来说，多用和田白玉、青玉制成，玉质远远超过汉代。此外，在清朝盛行的还有玉手镯、玉扳指、玉钗和玉簪等饰品。

清朝时期的玉镯被赋予了美好而浪漫的情怀，达官贵族包括平民百姓都会把玉镯当成男女爱情的信物或者作为聘礼。当时的人们也都有佩戴玉镯的习惯。扳指，是游牧民族驰马拉弓的专用品，这样可以保护手指不受伤。扳指源于长白山周围的民族。后来到了清朝，扳指慢慢地变成了一种权贵和身份的象征。在清朝的时候，白玉做成的扳指最多，有全素工的也有在扳指上雕刻上吉祥意义图案的。

　　说起玉扳指，不得不说的就是乾隆皇帝了，乾隆皇帝曾经写过很多首诗来歌颂扳指。这些扳指大多都制作精美，很多扳指上刻有诗文，有些扳指上还琢有山水画的纹饰。

美玉雅词

昆山片玉：昆仑山是产玉的地方，直意是昆仑山许多玉石中的一块，用以表示谦逊，虽然是美玉，但只是昆仑山玉中的一片，有沧海一粟之意，后来用比喻众美中之杰出者。出自《晋书·郤诜传》："臣举贤良对策，为天下第一，犹桂林之一枝，昆山之片玉。"

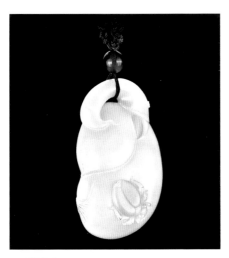

一品清廉

和田玉人参如意摆件
此物件取材和田白玉籽料，油润细腻，洁白无瑕。镂空雕琢人参，根须清晰，卷曲自然，逼真生动。并俏色雕如意、蝙蝠，取其谐音，寓意人生如意。

清朝龙凤呈祥玉璧
外径 10.1 厘米、厚 1.7 厘米。

清朝白玉琮

礼器类

清朝时期，尤其是到了乾隆统治时期，对古制极力推崇，因此就出现了一大批用于祭祀和大典活动中的礼器。而这些礼器大多都是仿古的玉制礼器，当时的仿古礼器主要有玉璧、玉琮、玉圭等。

玉璧大多都是仿汉制，纹饰有谷纹、蒲纹等，跟汉朝的玉璧非常相似，这些玉璧都是选自上好的和田玉料，端庄古朴，很多玉璧都是用来作陈设品。玉琮则是仿照良渚文化的器物，清朝的玉琮无论是造型还是纹饰都跟良渚文化瘦高型琮如出一辙，只是清朝的玉料多为透闪石软玉，且琮中间的玉质非常新，表面还有一些清晰细密的磨痕，并呈现出清代玉器抛光所特有的油脂状光泽，也由此可以断定玉琮是否是清朝仿制的古玉琮。清朝宫廷的仿古玉器中较为常见的还有玉圭、玉戚、玉斧等礼仪用品。在一些仿古玉圭上还题有"乾隆年制"的款识。

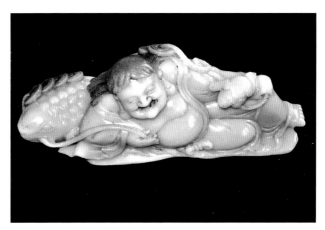

清代和田玉巧雕留海戏金蟾

美玉雅词

兰摧玉折：用兰草、美玉折断比喻贤人夭折，哀悼有才华的人早死，也有转意"宁为兰摧玉折，不作萧敷艾荣"。出自刘义庆《世说新语·言语》："毛伯成既负其才气，尝称宁为兰摧玉折，不作萧敷艾荣。"

玉文化

总体上说，玉文化大致可分为孕育、初始、发展、成熟、完善、嬗变和世俗等7个发展阶段。可以说，审美观念和审美情趣的产生和发展是玉文化得以产生的最直接的原始诱因。首先我们讲第一阶段——孕育期，玉质石器出现至广

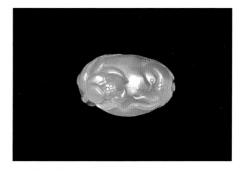

一路连科
长3.5厘米，宽2.2厘米，厚1.2厘米。

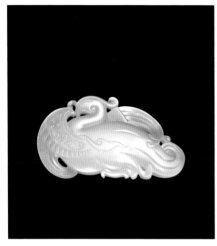

和田玉籽料凤佩

此件白玉凤佩的形象美丽、精巧。在表现手法上吸取了中国商代扁平器玉雕的风格，采用了正侧面剪影的手法，只以准确的外轮廓线勾勒凤的形象，重点突出了羽翼和凤尾，而凤身以简洁的阴刻线，突出了凤凰的特点，颇富意趣。此作品线条简单，布局清雅，情景交融，令人回味无穷。

义玉概念形成之前，相对年代约为旧石器时代中晚期。人们在打制石器和选择装饰品的过程中，逐渐觉察出玉质石器与其他石器在亮度、色泽、硬度、质感等方面的差异。玉概念有如待产的胎儿，呼之欲出。可以说，审美观念和审美情趣的产生和发展，是玉文化得以产生的最直接的原始诱因。

陈设类

清朝时期的玉器制作业非常繁荣，清朝的统治者尤其是乾隆皇帝对玉器尤为钟爱，因此出现了很多以玉山子为代表的大型玉雕作品，还有玉屏风、玉插屏、玉如意、玉瓮、玉雕的动植物、玉雕神像等作品。其中玉山子就是圆雕山林景观，即在玉料上雕出山林、水草、人物、禽兽、飞鸟、楼阁、流水等，层次分明，形态各异。清朝时期的文人墨客对玉山子甚为喜爱，因此玉山子在当时非常流行，大部分的玉山子都是用上好的玉料制成的。玉山子的题材很多，有反映佛教故事题材的，有反映道教神仙题材的，其中以人物山水、亭台楼阁的题材为多，场景大多都比较写实。

玉瓮历史悠久，是一种不能实用的酒具，玉瓮的体积一般较巨大，一些作

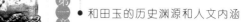

清朝白玉胡人戏狮摆件

清朝乾隆时期玉雕夜游赤壁山子

品甚至重达四五千斤。玉瓮自古以来就是帝王清廉的一种象征。其中《太平御览》卷八〇五引《瑞应图》曰："玉瓮者，圣人之应也。不汲自盈，王者饮食有节则出。"

除此之外，玉屏风和插屏在清朝也非常盛行，只是屏风和插屏的主题框架已经变成木制，中间插入或镶嵌玉石板。玉石板上雕饰的图案有山水奇石的，

清朝中期白玉麻姑献寿

清朝白玉雕招财童子

长 2.5 厘米，宽 3.4 厘米，高 1.8 厘米。

也有动物和人物的，总之古色古香，充满了情趣。玉如意在魏晋时期就已经出现了，到了明清时期才流行开来。清朝的玉如意数量极多，流传下来的就有很多精品。清朝的玉如意大都是由和田玉雕琢而成，上面的纹饰大都是福寿类的吉祥图案。如意头的样式非常多，其中较有名的有灵芝形、双柿形等，而柄多呈树干状。清朝还出现了很多人物玉雕，其中以寿星和童子较为多见，风格跟之前相比也发生了很大的改变。

清朝的人物玉雕头部较大，个子变小，身体变得更加丰腴了，表情更加丰富，人物形象变得更加夸张。总的来说，祈福纳祥是当时选材的主流，具有社会性与民俗性。在清朝的宫廷里还常会出现一些儒家、佛教和道教等人和神的玉雕。

美玉雅词

蓝田玉生：蓝田是古代产玉的山名，比喻贤父生贤子。出自《三国志·吴书·诸葛恪传》："恪少有才名，孙权谓其父瑾曰：'蓝田生玉，真不虚也。'"

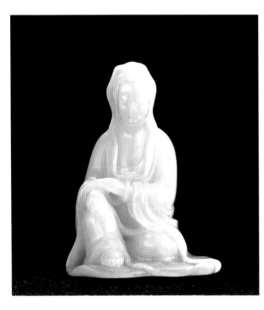

和田玉籽料观自在

此尊观世音面部饱满，祥和恬静，双目微启，体态柔美，坐姿优雅，给人一种祥和、静谧之感。整件作品采用立体雕的技法，视觉效果卓然，特别是人物造型沿袭古韵，细部雕琢技艺精湛，如发髻的雕琢丝丝可辨，衣襟线条的处理则舒展顺畅，透过薄薄的衣衫，可以感受到观音造型的饱满与柔美。

通常来说，这些人物形象并不包含多少宗教的含义，只是单纯作为一种象征吉祥如意的陈设品而已。

另外，还有一些玉制的动植物、玉船等作品。动植物的玉雕大多都是寓意吉祥的造型，寄托了人们的美好愿望。大多作品都玉质精良，晶莹剔透，具有很高的艺术水平和工艺价值。

玉文化

玉文化的第二时期是初始期，玉文化的广义概念初步形成和广义玉器的出现就标志着初始期开始了，年代约为新石器时代早期前段。虽然目前尚未发现确切的证据，但是根据新石器时代早期前段如后李文化（距今约8500年）、兴隆洼文化（距今约8200年）的发现玉凿、玉锛和玉推测，广义玉器应该是在这一时期出现的。旧石器时代晚期处于萌芽状态的磨制技术日趋成熟，石器制作工艺的进步导致了生产力的提高和新石器时代的到来。磨制工艺的推广，使人们更深切地感受到美石制品光洁、润泽的魅力。旧石器时代早已出现的原始宗教观念找到了更为合适的物质载体，"美石"开始有了灵气，广义的玉概念初步形成。这是玉文化得以产生的哲学因素。

和田玉籽料五子嬉戏图插屏

和田玉籽料生肖牌羊

长6厘米，宽4.5厘米，厚1厘米。

清朝和田玉玉杯

高 3.96 厘米，口径 5.13 厘米，底径 2.78 厘米，厚 0.14 厘米，做工精细，玲珑剔透，是一件难得的珍品。

清朝乾隆时期的白玉碗

碗口直径 13 厘米。

清朝乾隆时期的玉杯

直径 7.9 厘米。

玉器皿

清朝宫廷中的玉制器皿种类很多，形态万千，主要包括玉杯、玉碗、玉盘、玉瓶、玉花插和玉盒等。其中玉杯是清朝宫廷中非常重要的玉器皿，大多用白玉、青玉制成，也有用翡翠和玛瑙等制成的，大部分玉杯都有盏托。

玉杯的样式非常多，有单柄杯、双耳杯、荷叶杯、斗形杯等。而单柄杯和双耳杯则是清朝宫廷中最常见的玉杯。单柄杯一般为螭龙柄，双耳杯则有双龙耳或双花耳，顶部有伏鹿或兽面装饰。所有的玉杯制作工艺都非常精细，具有很高的艺术价值。

清朝的玉碗是宫廷中常用到的生活用具，清朝所制造的玉碗比之前任何一个朝代的玉碗都要多。宫廷玉碗大都选材精良，做工精细。当时民间的玉器作坊也制作了大量的玉碗，以实用为主，在选材上不够精细，其造型大多都古朴素雅，但是其中也不乏一些精品，甚至民间的一些精致的玉碗和宫廷玉碗在制作工艺上不分伯仲。清朝宫廷还出现了很多玉盘，顾名思义，玉盘就是用玉做成的盘子。当时宫廷里所用的玉盘大多都是用上好的白玉、青玉或碧玉制作而成，做工精细，有的玉盘上还琢有纹饰。清朝的玉盘种类很多，玉盘壁通常都非常薄，制作工艺精湛，艺术价值非常高。

　　清朝时期也出现了很多玉花插，玉花插就是中心空可插物的玉器。其取材大都为新疆和田产的白玉、黄玉、青玉及少许碧玉、青白玉等。清代的花插结构比较复杂，大都是树桩样式，并带有树枝和鸟形装饰。这一时期的玉花插一般都是生活中常见动植物的形状，比如有双鱼、梅花、玉兰、白菜等。在做工上，主要追求两种标准：一种是在工笔写实方面一丝不苟；另一种是追求玉本身的质感，体现出立体感，简洁明快，刻画生动，立意完美，造型丰实，在色调上力求达到清新高雅，装饰效果极佳。

　　清朝时期的玉盒使用非常广泛，清朝的玉盒主要是盛放首饰或化妆品的容器，造型精巧，有圆形、方形、花卉形、蔬果形等多种形式。当时的富家小姐所用的玉盒不仅选材精良，制作工艺更是非常精细，大部分的玉盒都琢有寓意吉祥如意的纹饰。

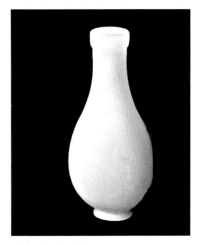

清朝和田玉瓶
该作品造型别致，玉质洁白细腻。

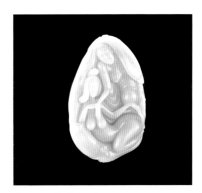

和田玉春宵把件

清朝和田玉饕餮纹玉胭脂

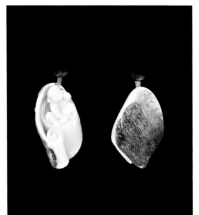

和田玉籽料开卷有益把件

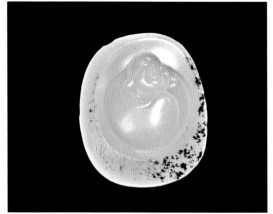

弥勒佛
长5厘米，宽3.5厘米，厚2厘米。

美玉雅词

美如冠玉：古时人们将美玉缀在帽子上，原比喻陈平像帽子缀玉一样外表好看内里空虚，后转用以比喻男性的美貌。出自《史记·陈丞相世家》："平虽美大夫，如冠玉耳，其中未必有也。"

玉文化

玉文化的第三阶段是发展期，主要标志是种种非实用玉制品迅速增多，玉器的制作工艺和社会功能进一步提高，相对年代约为新石器时代早期晚段至新石器时代中期。主要见于后李文化、兴隆洼文化、河姆渡文化和新乐文化。某些源于工具或兵器类的玉器在形制上与同类石器尚无明显的区别，但磨制程度一般较精，基本不见使用痕迹。随着石器磨制工艺的广泛应用和生产力的进一步提高，社会分工初露端倪。原始宗教的进一步发展、祭祀活动的多样化和爱美欲望的增强，促使制玉工艺飞速进步，同时玉器数量也开始增多，这是玉文化得以发展的社会因素。值得一提的是，与兴隆洼文化年代相当，大致属于同一社会发展阶段的后李文化出土两件玉质工具的刃锋，在放大镜下可见较清楚的使用磨蚀痕迹，表明在不同地区或不同考古学文化中，玉石分化发生的时间和程度也是不尽相同的，这应是文化发展不平衡的表现。

文房用具

清朝时期文风盛行，因此高贵精致的玉制文房用具比较多，主要有玉笔管、玉笔洗、玉笔架、玉笔筒、玉砚台、玉墨盒、玉印、玉印盒等。清朝的玉笔管大多都是细长的圆柱形，有实心的，有空心的。

和田玉籽料準提佛母

此件準提佛母沿袭古制，準提佛母中央双手作说法印，为破人道贪瞋痴三障，说法利生，教人学法，令证三身果位。设计上中规中矩，工艺细致入微，是一件佛教题材的收藏精品。

其花纹样式也是多种多样，有山水纹、人物纹、动物纹、花卉纹和传统的云龙纹。现存的清朝玉笔洗较多，玉笔洗是用来盛水洗笔的器具，在文房里充当着重要角色。清朝玉笔洗的样式以植物形状为主，最常见的要数荷叶形玉笔洗。另外，还有桃形、瓜果形等植物形状的玉笔洗，所有玉笔洗都生动传神，精美异常，玩赏价值相当高。

清朝中期黄玉开光御题诗文花卉笔筒

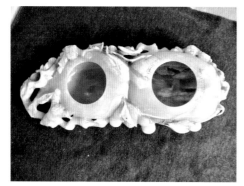

清早期和田玉葫芦型笔洗

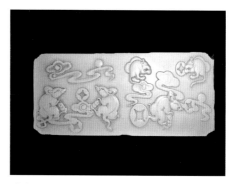

清朝和田玉墨床
长 8.4 厘米，宽 3.8 厘米。

清朝的玉制笔架形式多样，有圆雕的山峰状，简单的山字形等形式。玉笔架的造型简约，名门望族都是用和田玉中的青玉和白玉雕琢成笔架，民间制作的笔架材质就会差一些，所用材料庞杂，但不乏精品。玉笔筒是清朝玉制文房用具中的代表作品，玉质精良，做工精细，纹饰格外讲究，其中有文人雅士、园林景观和各种动植物的图案。清朝玉笔筒的制作受到当时竹雕、木雕艺术的影响，纹饰都是精雕细琢，有很高的艺术欣赏性。清朝的玉砚种类众多，其造型多样，主要有龙凤蕉叶随形砚、卧鹅式砚等，纹饰以花叶纹、云纹等较为常见。玉墨床是专门用来盛墨的，造型大方简洁，体积较小，因此在实际运用上可有可无，反而具有更多的观赏意味。

清朝仿古玉瓶

仿古玉器

清朝仿古思潮泛滥，崇古昧今蔚然成风，效法古制已成为一种时尚。清朝的仿古玉器达到了历史上的最

和田玉籽料魁星点斗把件

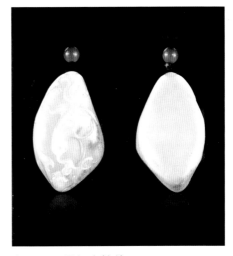

和田玉天马行空挂件

此挂件以白细金皮原料，浮雕马首、云纹，营造
天马腾飞之势，作品虽小，却充满想象空间，以
小见大，不可多得。

美玉雅词

宁为玉碎，不为瓦全：宁作玉器被打碎，不作陶器得保全，比喻宁愿为正义牺牲，
不愿苟全性命。出自《北齐书·元景安传》："岂得弃本宗，逐他姓，大丈夫宁可
玉碎，不能瓦全。"

高峰，仿制作品的工艺也达到了一个登峰造极的程度。其中比较有名的仿制古
器有玉鼎、玉樽、玉瓶等作品。清朝仿照商周时期的青铜鼎制作出了一批玉鼎
作为宫中的陈设品。清朝时期的玉鼎玉质精良，精雕细琢，但是纹饰几乎都是
当时最流行的，缺乏古时玉鼎的神韵，不过其巧夺天工的工艺也充分说明了清
朝琢玉工艺的高超。清朝仿照商周时期的青铜壶制成了很多玉壶，造型千姿百态，
纹饰精致，有些专门作为宫廷观赏的器物，还有些具有实用功能，可当作酒具
使用。除此之外，还出现了玉樽、玉瓶、玉觚、玉簋和玉觥等玉器。

晶莹圆润

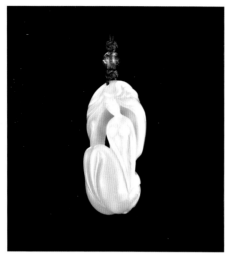

和田玉籽料裸女挂件

美玉雅词

璞玉浑金：未经雕琢的玉为璞玉，未经冶炼的金为浑金。指天然美质没有人的修饰。
比喻人的品质淳朴，没有受过坏的影响。出自南朝宋·刘义庆《世说新语·赏誉》：
"王戎目山巨源如璞玉浑金，人皆钦其宝，莫知名其器。"

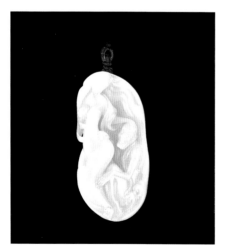

和田玉籽料晚来春把件
该作品匠心独运，体现了一种活泼旺盛的生命力。

玉文化

玉文化的第四阶段是成熟期，圭、璧、琮、璜、璇玑、玉衡等主要礼器的出现便意味着玉文化进入了成熟期，该阶段的制玉工艺和琢玉工艺已经趋于成熟。此时的玉器造型美观，做工精细。玉器的形态种类变得多姿多彩，更加丰富。出现了像瑞圭、权杖、玉琮、玉龙凤、玉牌、玉人等玉器。但是值得注意的是，因为玉石本身的条件限制，比方说玉石的储藏量较少，

难以加工成容器，还有雕琢加工技术等因素都是制约玉器进一步发展的因素。因此出现了很多陶礼器，如大汶口文化的陶樽、陶鬶，龙山文化的蛋壳黑陶杯、成组的陶鼎、瓦足皿等开始替代了玉礼器。

现代社会与和田玉

和田玉在我国至少有 7000 年的悠久历史，是我国玉文化的主体，是中华民族文化宝库中的珍贵遗产和艺术瑰宝，具有极深厚的文化底蕴。我国是世界历史上唯一将玉人性化的国家，而新疆和田作为和田玉原料的主要产地，又是和田玉文化的发源地，新疆和田玉行业在全国玉石领域之中具有举足轻重的影响力。和田玉的历史文化和它本身的特性就决定其价格会一路攀升，因此也吸引很多人对和田玉的收藏趋之若鹜。

人们常说"乱世黄金，盛世

送子观音
长 7 厘米，宽 6 厘米，高 4.5 厘米。

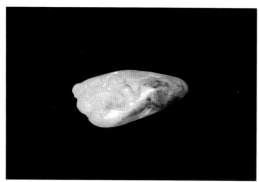

财神

长 4.2 厘米，宽 2 厘米，厚 0.8 厘米

代代封侯

现代和田玉摆件马

玉"，现在社会发展稳定，人们的生活水平得到了很大的提高，玉器市场也火爆起来。可以说现在我国玉器的制作与收藏是任何一个时期都无法与之相比的，进入到了全面大繁荣时期。

和田玉隐含着中华五千年来积淀的中庸思想特质，不锋利亦不钝重。人们的生活水平提高了，不再满足于衣食住行的浅层需要，更重视精神世界的美满和谐。越来越多的风雅名士推崇和田玉，佩戴和田玉饰，和田玉成为了绝对的时尚宠儿。如今的和田玉雕作品早已成为了一种集人文价值与物质价值于一体的艺术珍品。

和田玉被越来越多的有识之士看作是身份地位和品味的象征，不仅会自己佩戴，更是以高档礼品的形式赠送给身在要职的亲友，送礼送尊贵，俨然变成了新的时尚风向标。

然而一些别有用心为牟暴利的人利用现在和田玉的繁荣市场制造了很多假冒伪劣的玉

器，仿造假冒古玉的行为愈演愈烈，使收藏、投资和使用者防不胜防。尤其是应用了现代生产技术之后，使得仿古玉的仿真程度非常之高。同时，现代考古发现和古玉鉴定学的发展同仿古玉的制造同步发展紧密相连，许多考古学的成果被仿制者所借鉴和使用。一些古器物的特征刚刚被发现，立刻在市场上就会发现它的踪迹。因为仿制者不但熟悉市场的走向，而且了解古玉的鉴定方法，仿制者在制假贩假中就是冲着现代古玉鉴定技术来的，往往一些鉴定经验或者是识别诀窍刚刚披露，仿制者立即把它运

当代和田白玉镯

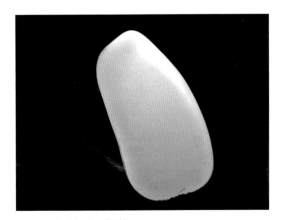

和田玉籽料原石挂件

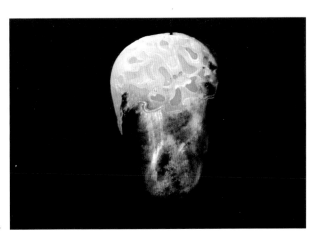

秋梨皮龙
长6.5厘米，宽4.5厘米，厚2厘米。

新疆和田玉青白玉籽料

用到假古玉的仿制中，使鉴定经验和识别诀窍成为过去。因此，识别现代仿古玉必须首先了解和认识古玉的仿伪技术发展情况和特点，要在实践中善于学习、善于积累、善于比较、善于识别，最根本的是只谈真伪莫讲缘由。

和田玉籽料歌舞升平牌

此牌所选材料为和田白玉极品籽料，油性好，细度佳，亮丽的红皮，极为难得。此牌造型规整，作品正面雕琢仙女舞动长袖，翩翩起舞，姿态婀娜，线条流畅俊逸。上部刻画仙境的亭台楼阁，两只俏色的蝙蝠飞翔其上；下部利用原料的红皮，俏色凤凰，更增灵动秀美之风。作品背面双龙纹装饰"歌舞升平"，干净利落，其余则打磨精光。该作品牌形方正饱满，纹饰精细精美，工艺繁复精致，既有原材料色泽上的沉稳厚重，又有雕工上的精美绝伦，展现了中国玉雕牌的优美，不失为当代玉雕牌之中的精品。

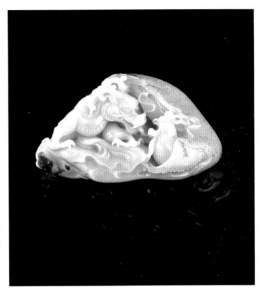

和田玉籽料龙凤呈祥摆件

作品因形施艺，在保留和田玉籽料原貌的基础上，就地雕琢，雕盘龙威武，飞凤灵秀，完整地再现了和田玉籽料的天然外观。背面一刀不琢，留白之意，充分展示玉质之好，以手抚之，温润怡人。

　　据业内人士分析，新疆和田玉无论是投资还是收藏，这几年行情一路看好，市场价格一路攀升，给投资收藏者提供了很好的发展空间，使投资收藏者的信心倍增。

　　从玉石原料的市场收购价格观察，和田上好的羊脂籽料，1 公斤大约以人民币 20 万元起价；1 公斤和田山玉白玉大约 8 万元；青白玉籽料每公斤大约 2～5 万元；青玉籽料每公斤大约 1 万元左右；黄玉目前尤为稀少，价格甚至可以超过和田上好的羊脂籽料；糖玉每公斤大约 5000～8000 元；墨玉和碧玉大约 2～4 万元；青花籽料大约 2～3 万元。根据 2013 年和田玉市场的最新统计，一级羊脂玉每克起价万元，随着和田玉脂玉越来越少见，其在市场上还是有很大的上场空间的。

　　和田玉收藏市场的上扬发展变化是毋庸置疑的，收藏者的鉴赏水平在玉器拍卖活动中也得到不断提高。为了使玉器收藏保值功能不断延伸，当前，在玉器收藏市场上也出现了一些微妙的变化。比如，厚古玉，薄新玉；重外表而轻里面；细看材料粗看工艺；论白论克不论个等等这些变化是投资和收藏者要不断关注的。

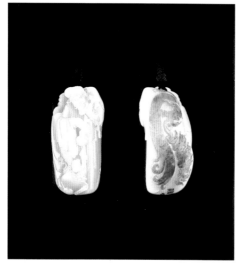

和田玉籽料望子成龙把件

玉文化

玉文化的第六阶段是嬗变期，玉礼器的明显减少标志着这一时期的开始，该时期玉器的礼仪功能逐渐减弱或消退，玉佩饰、特别是组佩及玉器皿、玉陈

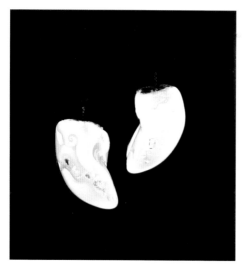

和田玉籽料富贵长寿把件

和田玉龙凤对牌

设、玉生肖和人物、动物等世俗类玉器明显增多，玉礼器的社会功能加速世俗化，相对年代约为战国至两汉。这一时期是中国社会的转型期，由礼崩乐坏、群雄增长的混乱局面到中央集权的确立，极大地改变了传统礼制赖以存在的社会基础。政治的进步、经济的发展和思想观念的转变，反映到礼仪制度上，就是玉礼器和青铜礼器的世俗化。此外，由于玉玺的出现和发展，权贵们不再以圭、璋和佩饰作为宣示身份地位的主要表征，汉代大墓中出土的裹尸玉衣、玉璧、玉枕等虽然还有表示身份地位的象征作用，但主要的却是出于防止精气泄散、保护尸身不腐的愿望，九窍玉塞的出现就是很好的例证。在表现方式上，玉雕作品的现实主义和浪漫主义色彩日趋浓郁。漆器、金银器以及瓷器制作工艺的出现和发展，从根本上改变了玉器唯我独尊的地位，玉器所蕴含的神奇功能和礼仪概念，逐步被社会进步和科学技术的发展所冲淡。

美玉雅词

抛砖引玉：直意抛出砖引回玉来，比喻自己先发表粗浅的意见或文章，目的在于能引出别人的高见或佳作。出自释道原《景德传灯录·从稳禅师》卷十："比来抛砖引玉，却引得个坠子。"

碧玉对瓶

此对瓶器型沉稳规整，纹饰精美，工艺精致，使得整件作品既有传统器皿的端庄厚重，又有缠枝花纹的精巧，是一件基于传统并有所创新之作，为碧玉器皿的收藏精品。

发现千新石器时代而绵延至今的"玉文化"是中国文化有别于其他文明的显著特点。中国人把玉看作是天地精气的结晶，用作人神心灵沟通的中介物，使玉具有了不同寻常的宗教象征意义。

和田玉的产地

　　早在新石器时代，新疆昆仑山附近的人们就已经发现了和田玉，并制作成装饰物或一些生产工具。最先认识到和田玉之美的，应该是生活在昆仑山北坡山麓河流地带的古羌人。可以说和田玉的开发已经有几千年的历史，随着现代机械化外采的大幅度提升，和田玉的开采量也随之不断攀升，现在月开采量是前人百年开采量的总和。但是因为开采过度，上等的和田玉已经越来越少。根据清代之前的资料，我们很难确定古代开采和田玉的具体地点。清代之后，有了详细记载，主要有新疆和田地区叶城县密尔岱玉矿、和田县阿拉玛斯玉矿、且末县塔特勒克苏玉矿、且末县塔什赛因玉矿、塔什库尔干县大同玉矿、皮山县康西瓦玉矿等。甚至到现在还能看见古人采玉留下的遗迹，比如有名的"杨家坑"和"戚家坑"，分别在海拔 4500 多米和 4800 多米处，全部位于和田县昆仑山区阿羌乡阿勒玛斯地区，但山玉开采量每年不过几千公斤，而杨家坑从清朝至今已冰封多年，无从寻觅。河中的子玉是古代和田玉器的主要来源，子玉是最早也是最优良的使用原料。值得一提的是，子玉和原生矿的山玉区别很大，而和田玉的原生矿也是人们采集子玉时发现的。

　　现在人们采玉多是以开采原生矿的山玉，主要集中在存巴音郭楞蒙古自治州的且末县、和田地区的于田、皮山两县和喀什地区的叶城县等四个地段。在茫茫的昆仑山上，和田玉的成矿地带长 1100 多千米，一些原生矿床和矿点分布在雪山之巅，甚至很多河流中还出产子玉。随着现代科技的高速发展，很多新的矿床不断被发现，一些老的矿床也恢复了开采。现在和田玉成矿前景十分乐观，但是和田玉隐伏的矿体仍是个未知数。和田市的玉龙喀什河，从古到今捞出的美玉不计其数，而且大都世间罕见，极其珍贵，可是时至今日都没有找到原生矿。玉龙喀什河中的白玉究竟产自哪里，这还需要地质工作者继续勘测。

那么，和田玉的资源到底有多少呢？据初步探查统计，原生矿的玉石产地有 20 多处，再加上很多河流中的子玉，总共是 21 ~ 28 万吨。其中，有三处产地的储存量大概有 25 万吨。就目前的储量而言，以年产 250 吨计算，加上同采损失率按 50％计算，其资源还能再开采 50 年。另外专家还预测到，在昆仑山玉矿产成矿带的东西方向，大概每 50 ~ 150 公里内就会有一段矿化显示。而每个矿化地段一般都有矿体 3 ~ 4 个，这说明找矿的前景并不悲观。

墨玉河

又名喀拉喀什河，因出产墨玉而得名，生产的墨玉是雕琢玉器的上等玉料。墨玉河发源于喀喇昆仑山，全长808 公里，墨玉河自西南向北流经墨玉绿洲，在阔什塔什与白玉河汇流成和田河。

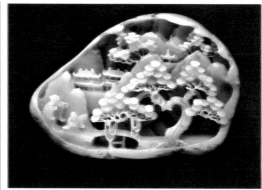

和田玉山子

仔儿玉山水

新疆玉的分布很广，从西部的塔什库尔干到东部的且末、若羌，沿昆仑山脉北麓都曾有过玉矿点，绵延 800 公里。矿点在 4000 ～ 5000 米高的雪线附近，有个别的在 3500 米处。当地的交通极其不便，所以开采山玉非常困难。

有些人曾提议，采取措施保护和田玉资源。的确，目前人们对和田玉肆无忌惮地滥采，对和田玉资源在某种程度上造成了严重的浪费，因此和田玉行业要想持续健康发展，必须杜绝资源浪费，合理开采、精雕细琢、让加工销售渠道顺畅，如此和田玉行业才会有一个更好的发展。

玉文化

玉文化的第七阶段是世俗期，该时期玉器的功能完全世俗化，玉器的礼仪功能几乎完全消失，大概是东汉末年以后的全部历史时期。东汉末年到隋统一前，是中国历史上最混乱的时期，数百年的战争使百姓生活在水深火热之中，玉文化的发展也随之步入历史上的低潮期。隋唐时期玉文化又再度兴起，但是在选题、

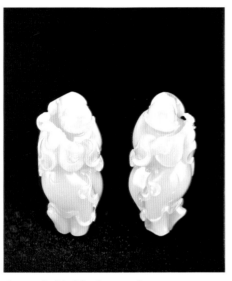

和田玉籽料歌舞升平一对

作品设计为一对胡人弹琵琶立人像，二人神态造型相同，均为头戴俏色毡帽，大眼、阔口、长髯、身着长袍，怀抱琵琶，身形丰腴，动感可爱。悠闲自得地弹唱，十分有趣。作品设计匠心独具，风格迥异，整体圆雕，于手中把玩，爱不释手。

黄玉路路通挂件

创意和风格上，受到业已相当发达的绘画、雕塑和金银器创作风格的影响，玉雕人物、花卉、动物的造型在浪漫的情调中力求逼真。到明清时期，玉器基本上完全成为艺术、财富和弄玩的代名词，尽管这一时期的王墓中还有用玉圭随葬的现象。《红楼梦》中的"通灵宝玉"也具有某些神奇的功效，今人也有以玉佩辟邪护身的现象，与现实社会和玉文化发展的主流及当时社会的政治、文化和宗教信仰相去甚远。玉器这种古老、历久不衰的艺术瑰宝终于摘下了其高贵、圣洁、无所不能的神秘面纱，走出神权、王权的殿堂，回到普通的世俗世界，还原为芸芸众生共鉴共赏的美丽石头。这是思想、技术进步和社会综合发展的必然结果。

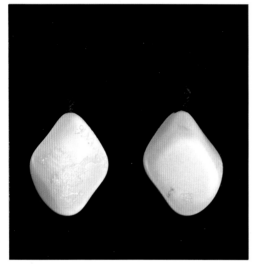

和田玉籽料风和朗润把件

该把件为菱形,形制颇为规整,且玉质极佳,质细润,色脂白,殊为难得,仅从一面进行雕琢,其余则保留了原籽的天然形状与皮色。此作最大的特点在于构图疏朗有致,层次丰富,深浅互间,通过"散点透视"的手法,将远景、中景、近景层层分布在方寸之间,颇具"尺山寸水"之功力,展现出令人惊叹的气韵与生命力。

美玉雅词

被褐怀玉: 直译是身穿粗劣衣服却怀抱美玉,比喻身怀绝技,不在人前显露。出自《老子》七十章: "知我者希,则我者贵,是以圣人被褐怀玉。"

和田玉的价值

到玉市场转转之后,经常会听到"黄金有价玉无价",古人也有"藏金不如收藏玉"的说法。"黄金有价"众所周知,但是"玉无价"又从何谈起呢?那玉到底有什么样的魅力才赢得此等美名呢?缘何玉器会一直受到人们的崇拜

和田玉籽料梅兰竹菊摆件

　　此件梅兰竹菊摆件由上等和田玉料雕就，玉质极其细腻，无结构。原石天然的外形及颜色，尤为难得，遇此原料，实属机缘。如此完美的一块原料，呈长条状，犹如君子亭亭而立，气势如虹，使得玉雕人无从下手，只在其表面简洁地处理为梅兰竹菊，来赋予作品主题，使得此作品融材质、观赏及收藏于一身。此摆件则秉承"大圭不琢其质美也"的玉雕创作理念，最大限度地保留了原料的皮色、形状，仅仅破皮巧雕，表现了梅之傲霜、兰之幽香、竹之劲节及菊之怒放。另一面则行书咏赞"梅兰竹菊"四首绝句，以点明主题。

跟青睐呢？难道玉器真的具有化腐朽为神奇的功能吗？玉究竟有什么样的价值，能让秦王以 15 座城池换取和氏璧？其实玉在古代有着非凡的象征意义，在现代也有着独一无二的实用价值。也正因如此，玉在我国的历史发展中一直处于久盛不衰的地位。

玉文化

　　舜时西王母献玉块、玉珀，《竹书纪年》中有："西王母来朝，献白玉环、玉块。"《尚书大传》有："舜时，西王母来献白玉琅。""西王母"据历史学家说是昆仑山上一个古老的原始母系社会部族领袖，"玉环"是一种装饰品，"白玉琅"是用玉做成的一种管状乐器。在《穆天子传》中载：周穆王西巡昆仑山，采玉石并盛赞昆仑山是："唯天下之良山也，宝玉之所在……穆天子于是攻其玉。"

和田玉籽料攻守兼备把件

和田玉必定成龙

美玉雅词

完璧归赵：璧是和氏璧，为战国时赵国所有，秦昭王派人去谎称以15座城来换和氏璧，赵王不敢拒绝，但又怕受骗，只好派蔺相如携璧去见秦王，蔺相如发现秦王的骗局后施巧计夺回和氏璧送回赵国。成语用于比喻把原物完整归还本人。出自《史记·廉颇蔺相如列传》："城入赵而璧留秦；城不入，臣请完璧归赵。"

荷花
长3.5厘米，宽1.5厘米，厚1厘米。

宋代成书的《太平广记》记载：3000年前，周天子穆王乘八骏大辇，游历天下，出玉门，北绝流沙，西登昆仑，还拿出白圭和重锦用它给西王母做寿礼，在瑶池受到西王母的热烈欢迎，曾载玉万斤而归。上述记载虽非史实，但也不是毫无根据。在史学界有这样的推测：西王母是古代西域昆仑山一带母系氏族社会首领的代表。而"瑶池"的"瑶"即美玉之意，瑶池既是昆仑山产美玉之地。因此，上述神话故事反映了一定的历史史实，也说明了昆仑山的先民早就发掘和使用了美玉。和田玉的存在又使昆仑山更加著名。

1. 美德化身

美玉自古至今就是人们钟爱之物，古时的王侯将相更是视玉为宝，认为佩戴美玉可以祛凶避邪，化险为夷。古书有言"君子无故，玉不去身"，可见古人对玉的喜爱已经达到了什么地步。当然，这里所说的玉，都是精雕细琢过的上等美玉。古人认为玉是汇聚天地精华的神器，不仅终生佩戴，甚至死后都要用玉来陪葬。中国人自古就有藏玉的传统和习俗，有些人甚至把玉器作为传家之宝，留给自己的子孙后代。玉在我国古代不仅象征着地位、权利、财富等，还是美丽、廉洁、高尚等诸多美好品质的代名词。

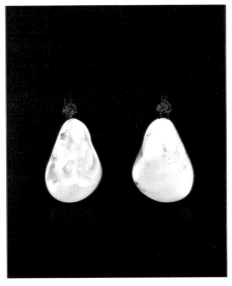

和田籽料仕女把件
该把件是作者精工琢制，仕女比例匀称，线条流畅自然，点点的俏色花瓣，更增加了唯美之感。

元朝和田玉籽料龙凤玉佩
长 6.1 厘米，宽 5 厘米，厚 0.6 厘米，重 55 克。

和田玉青玉玉玺

长 12 厘米，宽 12.3 厘米，高 14.9
厘米。此玉玺雕有双龙，端庄沉稳，
尊贵大方，是权力的象征。

2. 政治功能

在古代，和田玉是统治阶级专门享有的器物，更赋予了它很多特别的意义。历代帝王都以玉为玺，这种制度一直贯穿了整个封建社会。而玉玺则代表着至高无上的权利，由此可见，玉在古人心中的地位非同一般。

美玉雅词

亭亭玉立：亭亭指耸起的样子，玉立比喻身长而美丽，形容女子身材颀长秀美或花木形体挺拔俊秀。出自明·张岱《公祭祁夫人文》："一女英迈出群，亭亭玉立。"

和田玉籽料太平有象摆件

此摆件质地温润细腻，润泽光滑。瑞象作俯卧状，手法写实，雕琢细腻，长鼻微卷，回首相望，神态怡然。瑞象的头部，一童子左手执如意，右手执拨浪鼓，鼓面及发髻黄皮俏色，十分动人。瑞象尾部用黄皮俏色点缀，整体打磨光滑，握于掌中，手感舒适，寓意吉祥，是一件把玩的精品之作。

玉文化

　　《红楼梦》一书在中国文学史上一直占据着重要地位，此书原名《石头记》，即从一小小的石头"通灵宝玉"的出生写起，到此石头的失踪而结束，全面深刻地揭示了封建制度的不合理性，并预示了封建社会必然走向灭亡的客观规律。此书是一部与玉关系密切的文学巨著，值得一提的是，男女主人公的名字中都有一个"玉"字，一个是阆苑仙葩，一个是美玉无瑕，说的就是林黛玉和贾宝玉。还有一位很重要的人物，就是妙玉，又是一块玉。而在小说中，与宝玉同辈的贾府的男人中，如贾琏、贾珍、贾环、贾瑞、贾琮、贾琏等人名中第二个字的繁体字都是以玉字偏旁的字命名的。我们在研究红学的时候，不妨以中国传统玉文化的研究为起点，结合作者对通灵宝玉的诞生与历劫描述的研究，说不定会有意想不到的收获。

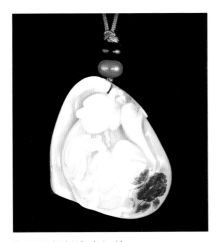

和田玉籽料富贵把件
该把件的玉质温润洁白，　随形设计。作品的上端雕琢一只凤凰，口衔如意，具"福从天降"之吉祥寓意。正面浮雕仕女，发髻高挽，手抚一獾，体态娇美，神情悠闲。人物衣衫刻画细腻，动感十足。作品的下部红皮俏色盛开的牡丹，背面全部留皮，简洁大方。作品整体线条流畅，多使用弧面设计，更加凸显了玉质，使得整个画面饱满圆润。

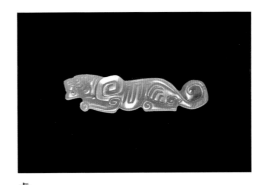

虎
长 9.5 厘米，宽 2.3 厘米，厚 0.7 厘米。

安徽省潜山县薛家岗遗址出土的玉琮

现藏于安徽省文物考古研究所，呈鸡骨白色，器体矮
小，内圆外方，孔对钻，射口不甚规整，口沿厚薄不均。
四面各琢磨竖直凹槽将琮体分为四个部分，四角局部
可见三道短阴线。

糖玉辟邪兽

3. 礼仪作用

在古代的一些祭祀、朝拜等礼仪活动中，都是以玉器来作为礼仪用具的。《周礼·春秋·大宗伯》载："以玉作六器，以礼天地四方，以苍璧礼天，以黄琮礼地，以青圭礼东方，以赤璋礼南方，以白琥礼西方，以玄璜礼北方。"玉即是"六器"，玉在古代社会具有一定的礼仪功能。

4. 经济价值

从商代一直到春秋战国时期，一直都有以玉交换土地、房产之说，玉也一直是诸侯国之间分割城池的重要物品，其经济价值是不言而喻的。而作为玉中之王的和田玉更是价值连城，象征着巨大财富。因此也就有了"黄金有价玉无价"的说法。但也正是因为这个说法，造就了现在漫天要价的玉市场。实际上现在

的玉市场已经形成一定的规模，就其价值而言，也并不是完全没有规律的。只是玉市场相对其他行业来说比较封闭，不是内行人根本就无法完全了解玉市场，再加上近年来玉的价格一直都在提高，让很多不大了解行情的人更加迷惑，不知玉市场的真实状况。而玉器的制作是一个非常复杂的艺术创作过程，每一件作品都凝聚了创作者很大的心血，而作品加工的精致程度对作品的价格高低至关重要。

业内人士认为，和田玉作为一种不可再生资源，其价值必定会越来越高，其市场前景是相当乐观的。而事实也的确如此，随着和田玉的产出越来越少，市场需求不减反增，其价格也随之越来越高。从古至今，美玉就寄托了人们太多的心愿，承载了太多的期许。美玉除了本身具有的经济价值之外，最重要的是人们赋予了它很多情感和精神层面的价值，而这些恐怕是任何物品都无法

凤如意
长3.5厘米，宽2.7厘米，高1.2厘米。

福寿双全
长6厘米，宽2.5厘米，厚1.5厘米。

福娃
长3厘米，宽2厘米，厚1厘米。

与之相比拟的。玉的本身是财富的象征，是物质属性，但是在中国长期的玉文化中，它已经变成了一种强大的精神力量，而这正是玉价值的精髓所在！

美玉雅词

一片冰心在玉壶：形容淡泊名利不热衷于功名的品格。出自王昌龄《芙蓉楼送辛渐》诗："寒雨连江夜入吴，平明送客楚山孤。洛阳亲友如相问，一片冰心在玉壶。"

和田籽料龙凤佩
此件作品原料极为白细，略带黄皮，堪比羊脂。浅浮雕结合阴刻线条勾勒出宛转的图案，运动变化中演绎出龙凤呈祥，颇具神秘气韵。

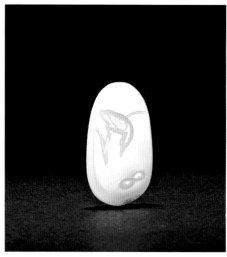

和田玉籽料荷塘春色

和田玉玉镯

金钻和田玉戒指

5. 实用和保健

现在随着人们的生活水平不断提高，平民百姓也能佩戴、把玩玉了。当然，玉除了装饰功能，最重要的还有实用和保健功能。因为玉除了满足人的物质需求外，更能给人带来精神层面的享受。例如古人常用的玉枕、玉碗、玉酒壶等与生活息息相关的用品其中很多堪称上乘的工艺作品，上面的纹饰、图案需要创作者付出大量的智慧与汗水。当你遇到一件旷世极品的时候，带给你的精神享受是难以言表的。

玉埋藏地下几千年或是上亿年，玉中含有大量矿物元素，所以人们常说人养玉玉养人。经过科学验证，证明玉石中含有很多对人体有益的微量元素，如铁、铜、硒、锌、镁、钴、铬等，长期佩戴玉石，可以使这些微量元素更好地被人体吸收，活化细胞组织，从而提高免疫力。玉石还有降低脑温的作用，特别是酒后枕在玉枕上，效果更加显著。故有中医所说"有的病吃药不能医好，经常佩带玉器却能治好"，道理就在于此。长期佩戴玉石手镯，就相当于良性按摩，不仅能除去视力模糊之疾，而且可以蓄元气，养精神。玉石对人体具有养颜、镇静、安神之疗效，长期使用，会使人精神焕发、延年益寿。

专家认为，不同的玉具有不同的保健的功能：

[白玉] 有镇静，安神之功。

[青玉] 避邪恶，使人精力旺盛。

[老玉] 解毒，清黄水，解鼠疮，滋阴乌须，治痰迷惊，疳疮。

[岫岩玉] 对阳痿患者很有效，能提高人的生育能力。

[翡翠] 能缓解呼吸道系统的病痛，帮助人克服抑郁。

[独玉] 润心肺，清胃火，明目养颜。

[玛瑙] 清热明目。

清朝和田玉壶
现藏于北京故宫博物院。

青花生生不息摆件

巧妙运用青花玉料中黑与白的颜色，雕琢为沧桑的木质条案之上，蜗牛、老鼠、蘑菇等物错落杂陈，俏色十分巧妙。在黑与白、圆与方之间，透视着空间与时间流动的平衡之美，蕴含着生生不息的宇宙哲理。

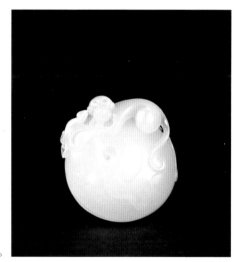

白玉灵猴献寿把件

长 4.9 厘米，宽 4.4 厘米，厚 1.8 厘米。

美玉雅词

化干戈为玉帛：干戈指古兵器或打仗，玉帛指玉器和纺织品，是指会盟和好送的礼物，指冲突解决双方和好，比喻变战争为和平。

玉文化

　　《红楼梦》一书中总共有400号人物,唯独宝玉、黛玉和妙玉的名字中有"玉"字,足见他们在作者曹雪芹心中的重要地位。在曹雪芹看来,这三个人物身上都有着如玉般冰清玉洁的人性光辉,而且并未因社会的污浊而发生任何改变。黛玉身上有着如玉般的细腻温润,妙玉身上有着如玉般的高贵脱俗,而宝玉身上更是散发着如玉般理想而圣洁的光辉,他的通灵宝玉更承载着他的命运。在此,玉无疑是一切美好品质的代名词,可以说曹雪芹深得玉文化的精髓,才会将这部文学巨著中的玉文化淋漓尽致地表现出来。

和田玉一团和气把件

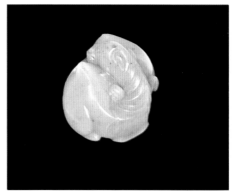

骆驼
长7厘米,宽5厘米,高4.5厘米。

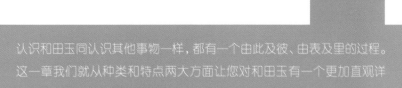

认识和田玉同认识其他事物一样，都有一个由此及彼、由表及里的过程。
这一章我们就从种类和特点两大方面让您对和田玉有一个更加直观详
细的了解。

和田玉按产状分类

　　新疆和田玉的分类有很多种，根据新疆和田玉的产状可以分为子玉、山玉、山流水。从河水中采集到的称之为子玉；从大山中挖掘到的称之为山玉；原生矿石经风化崩落，再由河水冲至河流中上游棱角尚存的玉石称为山流水。

和田玉籽料龙凤佩

白玉籽料，作品因形施艺，以浮雕技法，雕中国传统龙凤纹饰，龙凤合一，背面将原料之美与工艺之美展露无遗。

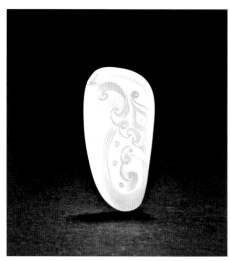

和田玉籽料守护挂件

子 玉

子玉又称为籽玉、籽料、子儿玉，是指原生玉矿经过千万年的自然风化，再加上河水的冲刷、搬运而形成的玉石，它分布于新旧河床及河流冲积扇和阶地中，玉石露于地表或埋于地下。

子玉主要产自发源于昆仑山水量较大的几条河流的中下游，如玉龙喀什河、喀拉喀什河、叶尔羌河和克里雅河，以及这些河流附近的古代河床、河床阶地中。子玉在河床中天然产出，形状为鹅卵石状，表面光滑，无棱角，大小不一，形状各异。经过千万年的风化剥蚀、水流冲击而形成的子玉，总的来说块度较小，常为不规则的卵形，其中最小的就跟杏仁一样。子玉的质地比较好，光泽温润柔和，是和田玉中的上品。很多和田羊脂玉就产自子玉。而且据考古专家探究发现，从商代开始直到元代，中国古代和田玉器的主要材料就是子玉。元代开始开采山玉，清代以后

新疆和田白玉籽料

玉质紧密，细腻，属白玉，油性极佳，外表是枣红皮，重量为 461 克。

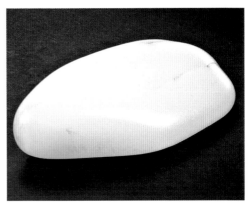

和田玉籽料原石

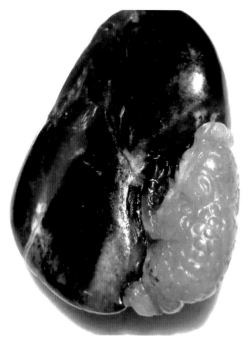

新疆和田青花籽料

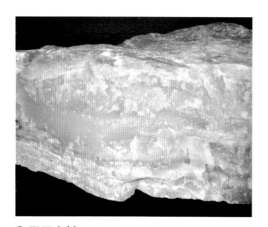

和田玉山料

山玉的产量就已经大大超过子玉了。一般来说，白色的子玉为上品，一些带灰的、带青的子玉质量要稍微差些。

有外皮的子玉，称为璞玉。璞玉的外皮称皮色，指子玉外表带有黄褐色或其他色泽的一层很薄的皮，系氧化所致。皮色有色皮、糖皮、石皮之分。其中石皮指白玉的石质围岩外层，去掉嗣岩后才能得玉。行业中常以子玉外皮的颜色来命名子玉，如白皮者，称"白皮子玉"；黑皮者，称"黑皮子玉"；乌鸦色者，称"乌鸦皮子玉"；似鹿皮色者，称"鹿皮子玉"；桂花色者，称"桂花皮子玉"，还有红皮、黄皮和虎皮等子玉。

山 玉

和田山玉又称为山料、渣子玉，古代称为宝盖玉或者宝玉，特指产于山上的原生玉矿。山玉跟子玉是有区别的，山玉块度大小不一，成棱角状，表面粗糙，断口参差不齐。玉石的内部质量很难把握，其质地

和田玉籽料多子多福把件

和田玉籽料封侯挂印

美玉雅词

珠圆玉润：像珍珠那样圆，像玉石那样温润，形容歌声或文字既委婉曲折，又自然流畅，即所谓"珠圆玉润，四面玲珑"。出自唐·张文琮《咏水诗》："方流涵玉润，圆折动珠光。"

通常不如子玉。和田玉山玉有不同的品种，比如，有白玉山玉、糖白玉山玉、青白玉山玉等。

业内人士习惯将山玉以矿坑名来分类，如戚家坑、杨家坑。

戚家坑，在新疆且末县，由清末民初时的天津人戚春甫、戚光涛兄弟所开。此矿产出的玉料色白而质润，虽也有色但稍青，在制作过

和田玉山料镂空小笔筒

程中又会逐渐返白，质地很润，是有名的料种。

　　杨家坑，在新疆且末县，所产玉料带有栗子皮色的外衣，内部色白质润，是一种好的料种。

　　在新疆且末县山上，所产玉料有白口、青口、黄口三种，质坚性匀，常有盐粒闪现。青口料制作薄胎玉件时，可返青为白色。

美玉雅词

珠玉在侧：比喻容貌才德都不如自己身边的人，比较之下深感惭愧。出自南朝·宋·刘义庆《世说新语·容止》："骠骑王武子是卫玠之舅，俊爽有风姿。见玠辄叹曰：'珠玉在侧，觉我形秽。'"

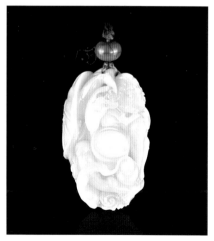

和田玉籽料罗汉把件

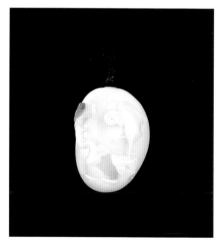

白玉松鹤延年

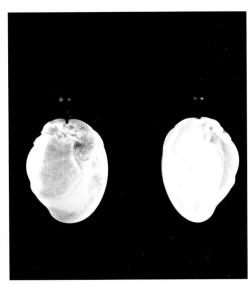

和田玉籽料福寿把件

此把件用料极为考究，其色白、质润、油腻、皮艳，堪称羊脂玉。而作品又是一件以古典吉祥为题材的作品，正面雕两只饱满的寿桃，背面留有洒金皮，更增富贵之气。上部雕琢一蝙蝠，取其谐音，具福寿之吉祥意寓。

玉文化

　　小说《红楼梦》中出现了很多跟玉有关的句子，比如描写贾府时说到："贾不假，白玉为堂金做马"。其他描写玉的诗句有"珠玉自应传盛世，神仙可幸下瑶台"，在"世外仙源"中有"香融金谷酒，花媚玉堂人"的句子，在"有凤来仪"中有"秀玉初诚实，堪宜待凤凰"的句子，林黛玉题帕诗中有"抛珠滚玉只偷衫，镇日无心镇日闲"的句子，还有"半卷湘帘半掩门，碾冰为土玉为盆"的句子，探春有"玉是精神难比洁，雪为肌骨易消魂"的句子，贾宝玉有"出浴太真冰作影，捧心西子玉为魂"的句子，薛宝钗有"淡极始知花更艳，愁多焉得玉无痕"的句子，史湘云有"神仙昨日降都门，种得蓝田玉一盆"的句子。在海棠诗社中，用玉的风骨、玉的精神、玉的美丽来比喻白海棠，同时也显示每个人不同的思想感情和性格特征。通过这些跟玉相关的句子，不难看出，古代封建社会的人们对玉的崇尚心理。

山流水

　　"山流水"是当地百姓根据采玉和琢玉的艺人命名的,这是一个很文雅的名称,指原生玉矿石经过长期风化崩落和自然剥蚀,以及河水、冰川的冲击搬运,迁移到河流的中上游河床。因此,山流水的特点是玉石棱角稍有磨圆,块度较大,表面较光滑,常带有水波纹,质地较细腻紧密,介于子玉和山玉之间。山流水的自然加工有限,尚未完全变成子玉。因为长期受到风沙和水流的冲击和剥蚀,山流水表面凹凸不平却油亮光润。其表面还有大小不一的沙孔,颜色有白、青白、灰白、墨黑等。

山流水原料

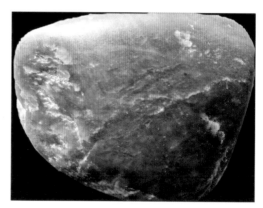

山流水原料

和田玉籽料达摩摆件

作品的材质为和田玉籽料，玉质温润细腻，通体带淡黄皮色，且为独籽雕就，尤为难得。作者破皮巧雕，琢达摩长袍加身，双手托钵，目望前方，浓密而弯卷的胡须、硕大的鼻梁，强化了达摩形象。作品画面布局疏朗，主题形象生动，线条简洁流畅，为当代玉雕精品。

美玉雅词

玉石俱焚：玉和石头一块被破坏，比喻好的坏的同归于尽。出自《尚书·胤征》："火焱昆岗，玉石俱焚。"

和 田玉按颜色分类

　　明代周履靖《夷门广牍》中说："于阗玉有五色，白玉其色如酥者最贵，冷色、油色及重花者皆次之；黄色如栗者为贵，谓之甘黄玉，焦黄色次之；碧玉其色青如蓝靛者为贵，或有细墨星者，色淡者次之；墨玉其色如漆，又谓之墨玉；赤玉如鸡冠，人间少见；绿玉系绿色，中有饭糁者尤佳；甘清玉色淡青而带黄；

和田玉李白松下探母山子摆件

碧玉三足炉

此炉为碧玉质，色泽浓郁，为玉雕器皿之佳材。大气厚重，器形规整，雕工古朴，颇富古韵，作为器皿精品历来为收藏热点。此炉不但料大，且玉质温润，颜色靓丽均一，刀工细腻流畅，造型古朴，琢刻规整，质佳、料足、工精，属当代玉雕器皿类之佳作。

菜玉非青非绿如菜叶色最低。"这些色彩与中国古代五行学说中的青赤黄白黑相吻合，使得和田玉更显神秘与尊贵。认识和了解和田玉的颜色，有助于我们对和田玉进行收藏、购买、投资和加工。玉料的颜色通常都会决定其品质的高低，和田玉的颜色多种多样，绚丽多彩，但也并非毫无规律可言。

认识和田玉，首先就应该从颜色入手。和田玉的颜色分为原生色和次生色，原生色主要分为白、青、黄、黑四种颜色，有些玉石是其中的过渡色，并可以划分为很多不同的种类。因和田玉颜色的多样性和复杂性，不同颜色的和田玉特点也不一样。尤其是单一颜色的和田玉，往往更加诱人。例如白玉色如凝脂，黄玉色泽迷人，墨玉漆黑如墨。但是不管是哪一种颜色，上等和田玉的色泽必须纯正、浓厚。色纯则无瑕，色正则鲜亮，色浓则坚密。

和田玉的颜色变化绝对堪称一绝，令人惊叹不已。有的发灰而显白，有的不青不白还泛着墨绿色，有的青红白蓝各显神通。总的来说，它们共有的特征就是漂亮。我们除了需要知道和田玉的颜色之外，还应该掌握和田玉的颜色划分标准。从工艺角度和欣赏角度上看，它分为脏和不脏。有的玉石上除了主体颜色还掺有杂色，这些杂色就被业内称为脏

寿山石摆件

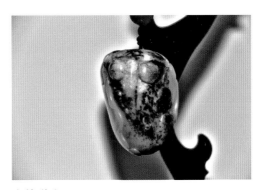

金蟾送宝

长 4.5 厘米，宽 3.5 厘米，厚 3 厘米。

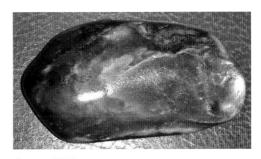

和田玉原石

色。衡量和田玉脏和不脏的标准是看和田玉的颜色好不好看，是否会对和田玉的工艺品造成影响。要是脏，在进行工艺雕琢的时候，就要想方设法将杂色剔除。如绿松石的本色是娇艳的蓝色，错落有致的黑色纹线将其点缀得更加雅致。但黑线过多，对本色造成影响，那就是脏色。如果在绿松石上出现褐黄色，更是典型的脏色。

白　玉

　　白玉是指颜色以白色为主的玉，杂色要小于 30%。由白色至青白色，乃至灰白色，其中以白色为最好。其名称有羊脂白、梨花白、象牙白、鱼肚白、鱼骨白、糙米白、鸡骨白等，其中羊脂白玉是玉中独一无二的。白玉中的杂色有

鹅如意
长 5 厘米，宽 4.5 厘米，厚 2 厘米。

白玉薄胎壶五件套

白玉，玉质细腻，色泽均一。壶身雕琢缠枝花卉纹，以草叶边饰、蕉叶纹间隔。器型规整古朴，配有 4 只小杯。薄胎技术精湛，壶钮、执柄中空，制作难度极高，充分体现了苏州玉雕工艺的"空""飘""细""精"的特点，为壶中珍品。

和田玉籽料大吉祥把件

此作品设计极为精巧，做工亦极为精湛，
将羊的温顺可人之态表现得淋漓尽致，且
适于把玩，寓意吉祥。

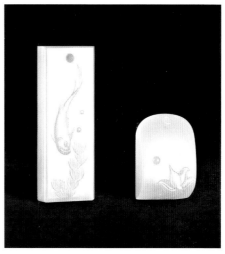

和田玉籽料年年有余对佩

美玉雅词

白玉微瑕：比喻再好的人或事物都有些小缺点。出自《陶渊明集序》："白璧微瑕，
惟在《闲情》一赋。"

糖色、秋梨色、虎皮色等。白玉质地细致，手感温润，光泽柔和。以前的人们
普遍认为玉越白越好，掺有杂色有损美玉的价值，因此经常在雕琢的时候将杂
质去掉。不过现在，人们认为玉太白了反而会死板，最重要是要润，温润脂白
才是上等好玉。掺有杂色的白玉，逐渐被人们接受，甚至被赋予了独特的艺术
价值。

羊脂玉

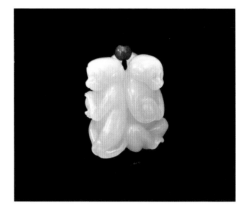

三猴献寿

特级白玉——羊脂玉

白玉中的上品非羊脂玉莫属了，羊脂玉给人一种刚中带柔的感觉，是软玉中的极品，晶莹剔透、洁白无瑕、温润坚密、白如凝脂。羊脂白玉可以光晕微黄，但绝对不能发灰，发灰的白玉就不是羊脂白玉了。在清宫剧《步步惊心》中，雍正送给女主角若曦的木兰发簪与项链，按道理来说，应是羊脂白玉极品，但很显然，剧组找不到这样的高档货色，只好用道具凑合，色泽就微微发灰，算不上羊脂白玉。

羊脂玉自古以来就受到了人们的喜爱，在古代的时候，只有皇帝才有资格佩戴上等羊脂玉。很多的王公贵族、文人墨客都对羊脂玉趋之若鹜。羊脂白玉世间罕见，世界上只有新疆出此品种，产出稀少，价格非常昂贵。目前很多上好的羊脂玉都被收藏家们所收藏，且轻易不为人所观。

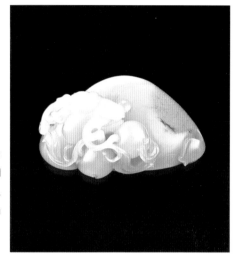

和田玉籽料禄寿把件

此件作品用料颇为讲究，料之细度、润度、白度均为上佳，且留有金皮，尤为难得。在玉雕处理手法上则繁简结合，写实地雕琢了卧鹿的头部及鹿口衔的两只寿桃，简约地处理了鹿的身体，以料的黄皮装饰，凸显原石之美。题材取"禄寿"，寓意吉祥，雕工精细，独赏众玩，回味无穷。

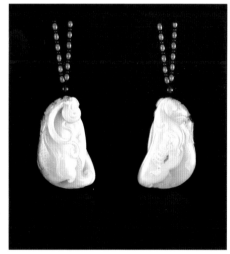

和田玉籽料三多把件

传统题材，因形施艺，留皮俏色，精雕细琢，大气雅致。寓意多福、多寿、多子。

美玉雅词

白璧无瑕：比喻人和事物十全十美，毫无缺点。出自《景德传灯录·延眼禅师》："问：'不曾博览空王教略，借玄机试道看。'师曰：'白玉无瑕，卞和刖足。'"

和田玉籽料劝学牌

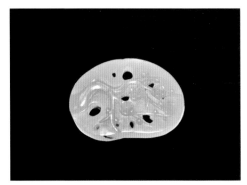

眉开眼笑

长4厘米，宽2.5厘米，厚1厘米。

说说看

　　和田玉的颜色是五彩缤纷的，但是因为玉色的特殊性，和田玉色基本上都没有清楚地界定色彩，只是按玉色在玉中所占的比重进行称谓。比如，民间流行的和田青玉的青和黄玉的黄不好分，和田黄玉和红玉不好分。从糖玉中又派生出来糖白玉、糖青玉、糖青白玉和糖俏色玉等。在和田墨玉中，又派生出黑碧玉墨玉、青花墨玉等。

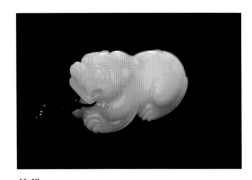

貔貅

长6.5厘米，宽3.5厘米，高3厘米。

一级白玉

　　一级白玉色洁白，质地温润细腻，半透明状，有油脂般的光泽。未加工的一级白玉偶见杂质，工艺品基本上都无杂质、无碎绺，是和田玉中之上品。

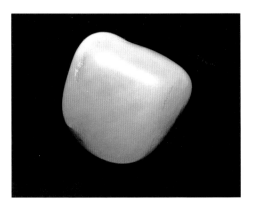

二级白玉

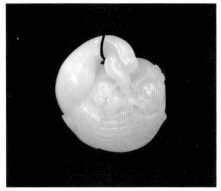

童子企鹅

长5厘米,宽5厘米,厚1.5厘米。

二级白玉

颜色呈白色,质地较细腻滋润,半透明状,偶见细微的绺、裂、杂质及其他缺陷,有油脂般的光泽。

三级白玉

颜色白中泛灰、泛黄、泛青、泛绿,半透明状,蜡状光泽,稍有石花、绺、裂、杂质等。

青白玉类

青白玉是白玉和青玉的过渡品种,其质地跟白玉没有什么太大的区别,颜色以白色为主,在白玉中隐隐闪青、闪绿等,其上限与白玉靠近,

古代青白玉饕餮纹发冠饰

具体年代不详,兽头发簪及半圆发冠齐全。上部纹饰为两条龙相对吐舌,下部纹饰为饕餮。表面灰白色沁。兽头发簪长16.5厘米,半圆发冠高6.7厘米,宽5.4厘米。

明代和田青白玉鲤鱼童子纹笔洗

笔洗的尾部（童子右手部位）有一小孔可穿线，属过去文人雅士便于挂带把玩之用。雕工古朴，玉质温润，包浆及沁色自然。长约9厘米，宽约5.5厘米，厚约3~3.5厘米。

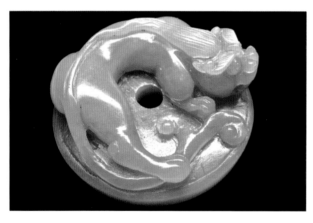

青白玉貔貅

下限与青玉相似，是和田玉中较为常见的一个品种，其经济价值稍逊色于白玉。

一级青白玉

颜色以白色为主，白中闪青、闪黄、闪绿等，柔和均匀，质地坚韧而细腻，半透明状，油脂蜡状光泽，基本无绺、裂、杂质。

二级青白玉

颜色以白、青为主，白中泛青，青中泛白，非青非白非灰之色，较柔和均匀，油脂蜡状光泽，质地致密细腻，半透明状，偶见绺、裂、杂质、石花等其他缺陷。

三级青白玉

颜色以青、绿为主，泛白、泛黄，不均匀，较致密细腻，较滋润，蜡状油脂光泽，半透明状，常见有绺、裂、杂质、石花及其他缺陷。

碧 玉

碧玉又称绿玉，是指玉石呈青绿、暗绿、墨绿或黑绿色的软玉，其颜色是含一定量的阳起石和含铁较多的透闪石所致。即使碧玉接近黑色，其薄片在强光下仍是深绿色的。有些碧玉跟青玉相似，很难分辨出来。通常颜色偏深绿色的是碧玉，偏青灰色的是青玉。其色润菠菜绿者为上品而绿中带灰者为下品。上等的碧玉也是非常名贵的，不过还是无法跟羊脂玉相比。碧玉在中国的玉文化中也占有比较重要的地位。

碧玉原籽

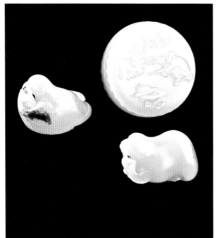

和田玉籽料文房用品三件套

此三件套均为和田玉籽料，为一镇纸、二笔搁。

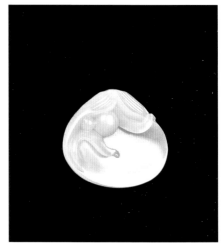

和田玉籽料掌上明珠

美玉雅词

琼楼玉宇：形容月中宫殿华丽精美（美玉做楼神仙的住所）。出自晋·王嘉《拾遗记》："翟乾祐于江岸玩月，或问：'此中何有？'翟笑曰：'可随我观之。'俄见琼楼玉宇烂然。"

玉文化

和田玉的颜色十分丰富，现今市场上的各种玉石也鱼目混珠，玉器爱好者和收藏者要注意辨别真伪，尤其是刚刚接触和田玉的人们，更要时刻保持警惕，以防上当受骗。虽然喜欢是购买和收藏和田玉的标准，但是要懂得如何消费，决不能做冤大头。而对玉色的喜欢要建立在传统主流意识的基础上，对"奇特精"的收藏标准，要辨证理解。现在的投资收藏家们把一红二黄三墨四羊脂作为投资和收藏的方向，但是这些颜色的玉器在市场上已经难见其身影，尤其是红玉，

糖白玉童子戏鹅

长6.4厘米，宽4.3厘米，厚1.9厘米。

和田玉籽料节节高升

长3.6厘米，宽3.1厘米，厚1厘米。

大多都是劣质产品，因此当我们认识不清楚的时候，采取观望的态度是比较恰当的。

和田碧玉招财龟

此物件长 5.7 厘米，宽 5.1 厘米，高 1.8 厘米，重 92.5 克，纯正菠菜绿色，局部有黑红色斑。质地细腻，油润，油脂般的光华蕴涵其中。立体圆雕福寿龟。龟背正圆形，刻寿字图案。龟四足内收于腹下，伸头瞪眼。龟头部巧用黑红沁色，摘色比较干净。此件造型圆润，规整大气中透着些许卡通。雕刻技法娴熟，抛光精细。龟与龙、凤、麟并称为"四灵"，象征着不朽、坚定和长寿。另外，龟与贵同音，是富贵之意，此器寓意福寿万年，长命百岁，家族兴旺。

一级碧玉

颜色以菠菜绿色为基础色，柔和均匀，质地致密细腻，滋润光洁，坚韧。油脂蜡状光泽，半透明状，基本无绺、裂、杂质等。

二级碧玉

颜色以绿色为基本色，有闪灰、闪黄、闪青，较柔和均匀，质地致密细腻，呈现蜡状光泽，半透明状，偶见绺、裂、杂质等。

碧玉香山五老图笔筒

此件碧玉笔筒，以高浮雕通景雕刻出庭院楼阁、苍松、人物、山石、小桥、船舶。布局精心巧妙，将画面细分成多个场景，置大小楼阁、飞瀑和小溪，再伴以苍松、杨柳和芭蕉等各种树木、人物，以不同姿势分布于前后各方，画面充满活力和动感。此器雕琢层次分明，布局疏密有序，处处体现闲情雅趣。

三级碧玉

以绿色为基本色，泛灰、泛黄、泛青，不均匀，蜡状光泽，半透明状，常见有绺、裂、杂质等。

墨 玉

墨玉是指玉石呈现黑色、墨黑、淡黑到青黑色的软玉。其名有"乌云片""淡墨光""金貂须""美人鬘""纯漆黑"等。一般来说，墨玉的墨色都不是很均匀，既有沁染黑点

和田玉墨玉籽料

状，又有云状和纯黑型。墨玉之所以呈黑色，主要是玉石中含杂质所为。一般有全墨、聚墨、点墨之分。其中全墨，即古人所说"墨如纯漆"，十分罕见，是上等的玉玺使用材料。聚墨指青玉或白玉中墨色较聚集，有些则墨色不均，黑白对比强烈，玉工多巧雕使其成为俏色作品。

墨玉主要由呈柱状、粒状的透闪石组成，其间充填有石墨，致使玉石黑色。

美玉雅词

玉洁松贞：像玉一样洁净，如松一般坚贞。形容品德高尚。出自唐·皇甫枚《飞烟传》："今日相遇，乃前生姻缘耳。勿谓妾无玉洁松贞之志，放荡如斯。"

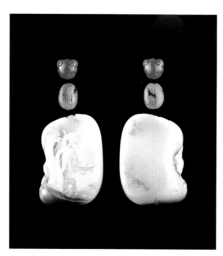

和田玉籽料祝福把件

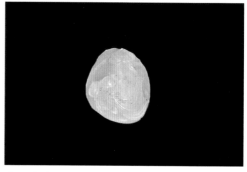

金玉满堂
长3.8厘米，宽2.6厘米，厚1.6厘米。

和田玉墨玉双雄

金蟾

长2.5厘米，宽2.5厘米，厚2厘米。

说说看

《玉说》中论述，墨玉有三个类别：一级墨玉、洒墨玉、黑白相间墨玉。

一级墨玉纯黑如墨，光润如鉴，犹如出土古玉的"黑漆古沁"。洒墨玉要观察墨点的疏密匀亭，浓淡不均、浓处成片、淡处成晕和黑色黯淡无光的，都不是上品。

黑白相间的墨玉常被古人当作巧雕的玉材。一级墨玉又称聚墨玉，洒墨玉又称点墨玉，黑色相间的称片墨玉或全墨玉。

黄玉龙牌

黄 玉

黄玉是指玉料呈绿黄色、米黄色的

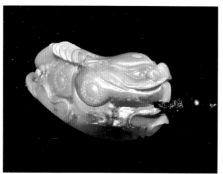

和田玉黄玉貔貅吊坠

黄玉籽料

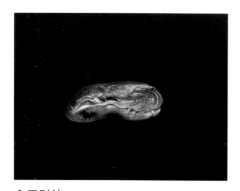

金玉财神

长4.5厘米，宽1.5厘米，厚1厘米。

软玉，带有绿色调。其名有密蜡黄、栗色黄、秋葵黄、黄花黄、鸡蛋黄、米色黄和黄杨黄等。其中以蜜蜡黄和栗色黄者为上品。

黄玉的颜色越深则越珍贵，跟羊脂白玉不相上下，甚至在某种情况下，比羊脂白玉更为罕见珍贵。和田黄玉自古以来就是一种珍贵罕见的品种，而且一直都受到人们的重视和追捧。可能是因为黄玉中的黄字跟皇帝中的皇字谐音，因此黄玉在历史上一直处于非常高的地位。清朝以前，人们大都喜欢深色玉种，到了清朝，人们又开始对浅色玉种偏爱起来。可是不管怎样，人们对黄玉的喜爱程度一直都没有降低。中国古玉器中用和田黄玉雕琢成的稀世珍品有清代乾隆年间的黄玉三羊樽、异兽型瓶和佛手等。

和田黄玉的光泽为很柔和的油脂光泽。我们可以根据黄玉油脂光泽的好坏来评判黄玉的质地，通常都是油脂光泽好的黄玉质地就越好，反之就是劣质黄玉。和田黄玉柔润细腻，尽管看上去就像抹过油脂一样，但是用手触摸不会有油腻感。目前市场上很难再见到黄玉，除了它自身产量很低之外，黄玉的原矿采集也是非常困难的。正因为如此，和田黄玉一直都是收藏家们的收藏首选，历史地位也要高于和田羊脂玉。

美玉雅词

玉卮无当：卮，古代盛酒的器皿；当，底。玉杯没有底。后比喻事物华丽而不实用。出自《韩非子·外储说右上》："为人主而漏其君臣之语，譬犹玉卮之无当。"

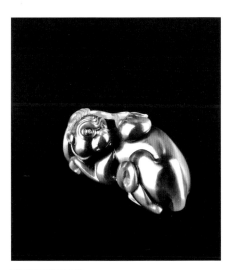

青玉灵猴献兽

此作品色泽纯正，玉质细腻、光泽油润。作品圆雕灵猴，采用写实手法，灵猴手执寿桃，活泼有趣，雕刻线条简洁流畅，恰到好处地体现主题，寓意吉祥，令人爱不释手。

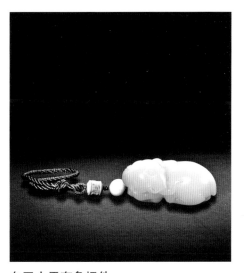

白玉太平有象把件

长 6.2 厘米，宽 3.5 厘米，厚 2.9 厘米。

和田玉糖玉财神
长8.8厘米，宽4.3厘米，高2.1厘米，重92克。

糖　玉

　　糖玉是和田玉中的一个特殊品种，它跟白玉、青玉、碧玉、黄玉的原生色不同，糖玉的玉料多呈现红褐色、黄褐色、黑褐色等色调。其颜色由白玉、青白玉、青玉被铁、锰氧化浸染而成。根据氧化浸染的程度，如当糖色大于85％时称为糖玉，小于30％就叫作糖白玉、糖青白玉、唐青玉。目前，在存世的玉器之中，真正的红色糖玉极其罕见，大多都是褐红色或紫红色的糖玉。糖玉主要产于新疆的叶城县、且末县、若羌县、和田县等地。叶城矿糖玉颜色偏灰，大部分比较干，无水头，细度相对来说比较弱，基本无油脂；且末矿糖玉颜色青白居多，白中偏青，糖色比较偏红，细度比较好，油脂比较高，水头好；若羌矿糖玉玉色黄中偏青，黄者为上品。糖玉常与白玉、青白玉或青玉构成双色玉料，可制作俏色玉器。以糖玉皮壳籽料掏腔制成的鼻烟壶称"金裹银"，也很珍贵。

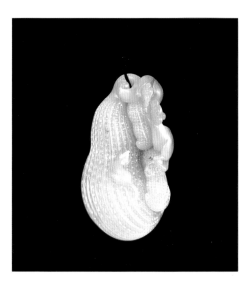

和田玉籽料多子多孙挂件

籽料带有黄色的沁色，俏色雕琢为神态各异的老鼠，在硕大的花生上嬉戏。作品寓意多子多孙，是件趣意十足的小品。

美玉雅词

玉石不分：比喻好坏不分。出自五代·王定保《唐摭言》卷一："洎乎近代，厥道寖微；玉石不分，薰莸错杂。"

其他玉石

除了上面所说的几种主流和田玉之外，还有一些不太常见的玉料品种。比如，虎皮玉，其外观呈现虎皮色。花玉，其外观颜色呈现花斑色。

还有青花玉，其外观颜色呈现天蓝色，由深变浅，越浅颜色越白，但白里泛黑。公认的青花玉一般是由墨玉和白玉两种颜色的玉组合而成，即"青花"是对一块玉石上墨、白两色的整体叫法。这一点与青花瓷相同，青花瓷一般由青、白两色组成，"花"亦非花，"花"亦非色，实际的主导颜色是"青色"。

青花籽料双鹅摆件

该摆件由和田青花籽料雕就，黑白相间，色泽分明。白色部分巧做双鹅，大鹅口衔含苞莲叶，与小鹅水中嬉戏，造型逼真，栩栩如生，动感极强。作品一派春意盎然之景象，意境悠然，正可谓"清水河边寄兴多，此生恨不为双鹅"。

虎皮玉

青花玉借鉴了这种称谓，黑（墨即黑）、白两色以墨色为主，白色为底子或点缀。但青花玉与青花瓷不只是名称的接近，更为相似的还在于它们的内在情趣意韵。

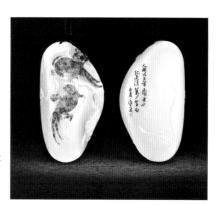

和田玉籽料凤穿牡丹把件

此把件玉质细腻温润，皮色黄艳迷人。作者依色巧妙施艺，将红艳迷人的皮色雕琢为一对枝头嬉戏的凤凰及盛开的牡丹，凤鸟生动，牡丹飘香。另面施以阴线刻手法，雕琢诗文，舒展流畅。料美、工佳、意祥，难能可贵。

说说看

新疆和田玉的业内收藏家们都知道一条已经公开的秘密，在所有的和田玉中，和田青花玉的硬度是最高的，青花玉非常坚固，很难被其他矿物和水质侵入。比如墨玉因为表面被石墨漆黑，其玉色不容易调和，而黄玉跟红玉因为玉质相对较软，很容易被其他矿物和水质侵入。因此要想准确了解和田玉的特性，不妨多进行具体的识别活动，在不断实践过程中练就一双慧眼。

美玉雅词

丰年玉荒年谷：比喻有用的人才。出自南朝·宋·刘义庆《世说新语·赏誉》："世称庾文康为丰年玉，称恭为荒年谷。"

和田玉俏色马到成功牌

青玉必定成龙挂件

和田玉的硬度

　　硬度是和田玉的基本性质之一。和田玉的硬度在玉石当中算是比较高的，而且也是韧度最大的。衡量和田玉的重要指标之一就是看其硬度，一般是硬度越大的玉，抛光性就越好，能够长期保存。正因如此，业内常用硬度划分玉器的高、中、低档。一般来说，硬度越大则越高档，反之则越低档。和田玉的硬度在 6.5~6.9 级之间。由于所含杂质成分和数量的不同，各和田玉品种之间的硬度并不相同。和田白玉的硬度在 6.6~6.7 级之间。和田羊脂白玉的硬度在 6.5~6.6 级之间。和田青玉和和田碧玉的硬度在 6.6~6.9 级之间。

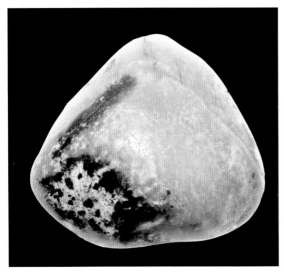

和田玉籽料

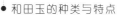

和田玉籽料福寿摆件

作品圆雕两只寿桃，圆润饱满，在寿桃的上部刻画
枝叶，粗壮有力，精细繁美，写实逼真。在枝叶上
及寿桃的底部，各雕琢一只蝙蝠，寓意"福寿双全"。

和田玉貔貅吊坠

美玉雅词

琼浆玉液：琼指美玉。用美玉制成的浆液，古代传说饮了它可以成仙。比喻美酒或甘
美的浆汁。出自汉·王逸《九思·疾世》："吮玉液兮止渴，啮芝华兮疗饥。"战国
楚·宋玉《招魂》："华酌既陈，有琼浆些。"

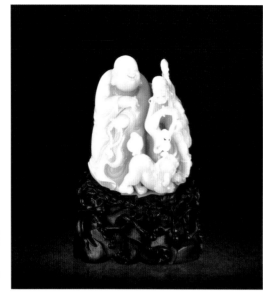

和田玉籽料福寿罗汉

该作品造型优美，轮廓清晰，人物面部刻画入微，衣褶简练写实。此作品中人物形象生动而不失厚重，汲古而不泥古，将二仙惟妙惟肖地表现出来。

说说看

　　一般来说，和田玉的玉质越好，润度就越高，玉皮也越薄，有些甚至非常薄。在和田玉中，洒金皮、水锈皮等是最好的玉皮。这也说明和田玉对玉色也是有严格要求的。要是一块玉料的颜色比较丰富，那么就说明这块玉料的表面质地比较软。从这也就引申出原生和田玉和次生和田玉来。当然不能单凭硬度这一标准来评判和田玉料的好坏，还是要结合其他的标准来综合评判的。

和田玉的块度与重量

　　块度和重量也是衡量和田玉价值的一个重要标准，一般相同质地的和田玉，块度越大，就越重，品级就越高，其价格也就越昂贵。现实生活中，块度大的和田玉非常难得，在历史记载中，重量在 100 公斤以上的和田白玉屈指可数，而且这样的白玉一般都会作为珍宝上贡给朝廷。1965 年，新疆维吾尔自治区成立 10 周年之际，和田人民将一块重达 400 公斤的和田白玉作为礼品摆放在自治区党委大院。1976 年和田将所采的重达 178 公斤的和田白玉，敬献给毛主席纪念堂。1980 年所采的重达 472 公斤和田白玉，经扬州玉雕厂琢磨成"大千佛国图"玉山子，获国家珍品金杯奖，永久收藏在中国工艺美术馆。2004 年在和田又采得带皮的和田羊脂白玉，重达 80 公斤。和田玉的等级标准，有其严格的要求，

和田玉籽料原石

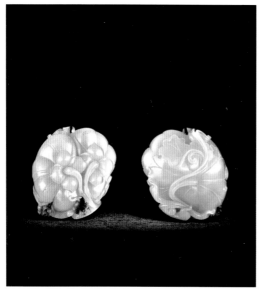

和田玉籽料事事如意
该作品材料温润、结构细腻、颜色略青，琢双柿子，寓意吉祥，事事（柿）如意。作品雕工精细，线条流畅，柿子以立体雕形式表现，圆润饱满；背部刻画硕大的叶子。作品玉质上佳，工艺精细，是收藏把玩之佳品。

按照不同品种细分等级。比如，重量在 6 公斤以上的白玉就被划分为特级白玉；3 公斤以上的被划分为一级品；1 公斤以上的被划分为二级品。

当然，和田玉工艺品的鉴定是非常复杂的，要综合性地对一块玉石进行多方面的分析，而不能仅拘泥于某一方面的单纯建议来衡量它的市场价格。打个比方，重达 10 公斤的青玉价格就没法跟 100 克和田羊脂玉的价格相比。

田玉的光泽与透明度

光 泽

　　光泽是指和田玉对光反射能力的表现。光泽是由光在矿物表面的反射而引起的，与矿物的折光率、吸收系数、反射率有关。反射率越大，和田玉的光泽就越强。不同的矿物有不同的光泽、相同的矿物由于加工程度不同也会呈现不同的光泽。按反光能力的强弱，矿物的光泽可区分为金属光泽、半金属光泽和非金属光泽三大类。金属光泽反光极强，如同平滑表面所呈现的光泽。非金属光泽包括金刚光泽、玻璃光泽、油脂光泽、树脂光泽、蜡状光泽和丝质光泽等。光泽会因硬度的不同而有强弱之分，硬度高的会发出强闪光，硬度低的发出弱闪光。

和田玉籽料童子戏鹅摆件

和田玉质洁白细腻，成色均匀，手感油润。立体圆雕鹅衔灵芝，童子伏于其背，欢喜可爱。底部做翻卷浪花，雕工细腻繁复。精巧雕刻出的胖鹅和童子，线条流畅，画面和谐，憨态可掬，给人带来喜气祥和之感。

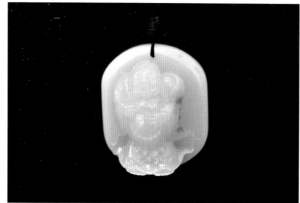

弥勒佛挂件

　　抛光技术的好坏，也直接影响着和田玉的光泽。抛光度越高，反射光也越强。和田玉的光泽属油脂光泽，人称"温润而光泽"。"润泽以温"是衡量和田玉质量好坏的重要标准。和田玉的光泽给人以温润的感觉，就像羊脂玉看上去会有一种很强的油脂性。因和田玉犹如羊的脂肪而获其名，古人就称和田玉为羊脂玉。一般情况下，和田玉的质地纯，光泽就好；质地差，光泽就弱。

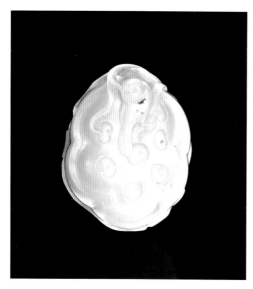

和田玉籽料喜事连连挂件

该挂件为和田白玉，玉质细腻，白度上佳，圆雕浑圆饱满、莲藕、莲蓬果实颗粒饱满、动感，喜鹊曲颈回身。雕刻喜鹊、莲蓬，寓意"喜事连连"。

和田玉籽料童子洗象把件

此件小品，皮黄肉细，为和田独籽所制，造型饱满圆润，高浮雕的童子手捧寿桃，笑口常开，憨态可掬。作品寓意吉祥，是把件小品中的精品。

美玉雅词

伯玉知非：伯玉是指蘧瑗，字伯玉，春秋时卫国人；非意思是不对。比喻知道以前不对。出自《淮南子·原道训》："故蘧瑗伯玉年五十，而有四十九年非。"

透明度

和田玉的透明度是指可见光透过和田玉的程度。根据透光程度，和田玉的透明度大致分为三级：透明、半透明、不透明。和田玉的透明度与它本身的分子结构、颗粒大小及所含杂质有关，主要是与和田玉对光的吸收强弱有关。透明度高称"水足""水头好"，透明度差称"水差""缺水"，不透明称"木"。形容透明度的词有通、放、透、莹等，莹的水最足，不透就是木。和田羊脂玉的透明度适中，就是我们所说的微透明。业内人士对玉石的透明度相当看重，因为透明度是检验玉石质量的重要指标之一。透明度对和田玉的雕琢加工起到

和田玉籽料祝福
在光洁完整的材料上，仅浮雕竹叶与蝙蝠，
寓意祝福。作品简洁流畅，采用虚实结合的
手法，精工细作，独有玩味。

了非常重要的作用，透明度好，则说明玉的成分多，石头的成分少。对于透明
度好的玉石，就不必在去除杂质上而大费周折了。透明度好的和田玉，能充分
展现其玉石质地的细腻和颜色的美丽。不过，这里说的透明度并非是越透明越
好。因为和田玉的质地不一样，一些颜色较深的和田玉的透明度就会稍微差些。
例如墨玉的透明度相对羊脂玉来说，就明显差很多。通常来说，颜色浅的和田
玉透明度会稍微高一些。上等和田玉，都是半透明或不透明的，玉中呈现的是
羊脂一样的浑浊状。

和田玉的解理与裂纹

人们在鉴赏与收藏和田玉器时，会发现一些玉石的表面有一些看似裂纹的
纹理。那这种纹理究竟是解理还是裂纹呢？在和田玉中，自然的裂纹不同于解
理纹，它没有同定的形状、方向和规律。我们可以从它们的定义和特征进行区别。

解理系矿物晶体受力后常沿一定方向的平面破裂，裂开的面叫解理面。解
理作为反映晶体构造的重要特征之一，是鉴定矿物的重要依据，可分为完全解理、

和田玉籽料辟邪佩

此佩由和田玉籽料精雕而成，皮色尤为黄艳厚重，玉质部分因皮色沁入，略显糖色，油润细腻。佩为扁平状，综合运用立体雕、镂空雕、线刻等玉雕技法琢辟邪兽，但见辟邪兽作奔跑状，前腿俯卧，后腿拱起，羽翼张开，动感十足。

中等解理、不完全解理和无解理四级。和田玉由于受晶体异向性的影响，会沿着一个或多个方向有规律地裂开，平整光滑的表面还存在着一定形状、方向和规律性，这对玉器的琢磨加工会产生相当大的难度。但解理面与破碎面截然不同，破碎面在发生破裂时没有一定的方向和规律性。

和田玉的自然裂纹没有特定的方向和规律，主要是因为和田玉受大自然的冲击，气温冷热的变化和内在压力的变化而自然形成的，其中不乏还有其他成因。业内人士通常把裂纹称为"绺"，极微弱的被称为"纹线"和"水线"。和田玉中的自然裂纹表现形式多种多样，主要分为断裂纹、破碎纹、龟背纹、炸心纹、包裹纹、炸惊纹等。

断裂纹是受力形成，裂纹长而深，仅出现在局部部位，容易发现。

破碎纹也是受力形成，裂纹多而杂乱，长短、深浅、走向没有一定规律，容易观察清楚。

龟背纹是受冷热变化而形成，裂纹就像乌龟背上的花纹一样，出现在表面

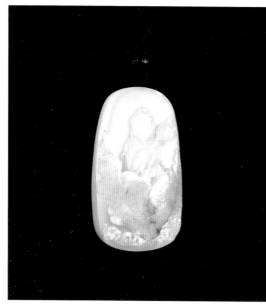

和田玉籽料执莲观音牌

白玉细腻温润，观音发髻高耸，法相端庄，手执莲花，坐于利用原料的黄皮俏色的巨大的莲叶之上，背面简洁处理，只琢花头与波浪纹。整件作品线条流畅自然，为当代玉雕观音的精品之作。

美玉雅词

不吝珠玉：吝指舍不得。不要舍不得好的东西。恳切希望别人给予指教的谦词。

出自明·凌濛初《初刻拍案惊奇》卷九："恰好听到树上黄莺巧啭，就对拜住道：'老夫再欲求教，将《满江红》调赋"莺"一首，望不吝珠玉，意下如何？'"

位置上，容易观察清楚；炸心纹是受冷热变化而形成，裂纹从内向外如蒜瓣一样作散状，很难从外表观察清楚；包裹纹，在玉沉积过程中，凝同层没有粘牢而形成，经常是内有个核，核外包着若干层皮；炸惊纹是系玉内应力表现而形成，这种裂纹在开始时一般不易被发现，但当条件变化后，如遇干或湿度的变化时，它就会表现出来。

裂纹一般都会对玉器的制作造成很大影响，因此加工玉器的人选材时通常都不会选择有裂纹的玉材。如果不得不用了有裂纹的玉材，也会将玉材上的裂纹除掉，或者将其避开，这在玉器行叫"除绺""躲绺"或"遮绺"。带"绺"的玉器容易开裂，艺术价值极低，因此制成的玉器上是不能带裂纹的。

美玉雅词

炊金馔玉：炊指烧火做饭；馔指饮食，吃。形容丰盛的菜肴。出自唐·骆宾王《帝京篇》："平台戚里带崇墉，炊金馔玉待鸣钟。"

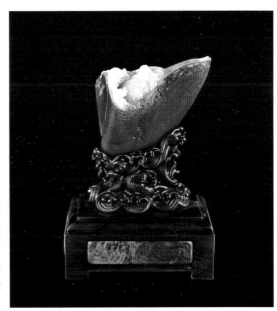

和田玉籽料煮酒论英雄摆件
此摆件由满红皮和田玉籽料雕就，料中略带褐色斑点。造型总体设计为爵杯，杯壁上红皮俏色为苍鹰，杯内白色的玉质部分雕琢为一对母子情深的熊，取"英雄"谐音。主题取自我国三国时的典故"煮酒论英雄"，是一件颇具创意的作品。

玉文化

中国玉文化有悠久而辉煌的历史，和田玉的历史是从巫玉走向神玉，从神玉走向王玉，又从王玉走向民玉，中国玉文化向世界展示了华夏文明博大精深的文化底蕴。无数精美绝伦的中国玉器向世人不断诉说着中国玉文化的灿烂历史，中国古玉器不仅散发着无限的生命力，中国现代玉器仍然释放着璀璨的民族艺术光芒。2008年举办北京奥运会的时候，奥运徽宝，也就是中国印，就是用和田青玉做成的，而奖牌则是用青海昆仑玉做成的。北京奥运会将中国玉器的艺术魅力淋漓尽致地展示给了全世界人民，也充分展示了我国人民对玉的崇尚心理。

北京奥运徽宝典藏版

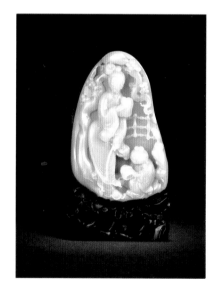

和田玉籽料三娘教子摆件

作品精心构思，巧妙设计，将玉质、工艺与主题有机结合，表现了三娘教子这一传统的玉雕题材。

和田玉的杂质

新疆玉矿丰富，但是质地特别纯的玉石现在已经不多见了，绝大多数的玉石都掺有杂质。和田玉的杂质又称天然内含物或包裹体，是一种内部特征，以铁质和石墨为多。杂质影响了玉石的美观，一般来说，和田玉中净杂质为好。不过在实际情况中，一些杂质多的玉石，因为具有观赏性，有很大的艺术价值，往往也不失为一件上品。还有些有杂质的玉石更是因为独特的形象而被视为珍品。这要根据不同情况的艺术表现形式来确定其品级。

杂质或包裹体小于总体8％的，业内称"小花"；杂质或包裹体大于总体8％，小于30％的，业内称"中花"，杂质或包裹体大于总体30％，小于50％的，

籽料生肖牌龙
长 5.7 厘米，宽 4.8 厘米，
厚 1 厘米。

业内称"大花"。"花"越大，则玉的"石性"越大。通常来说，上等的和田美玉应该无瑕，不过在现实生活中，无暇的和田玉着实不多。一般首饰对玉的要求要高于一般的玉器，大玉件要高于小玉件。总之，对玉的选购和处理加工，都要经过反复推敲。

美玉雅词

雕玉双联：雕玉指用玉雕成，形容华美、工巧；双联指律诗中相对偶的两句。形容属对极为精巧。唐·白居易《江楼夜吟元九律诗成三十韵》诗："寸截金为句，双雕玉作联。"

白玉钟馗牌
选自于中国传统文化中的"钟馗"题材。造型上，牌型方正；工艺雕琢上，运用俏色，形神并茂，无可挑剔。

和田玉的沁色

　　出土的和田玉表面都会生
"锈"，行话叫"沁色"。玉器经
过长时间的地下掩埋，不断受到地
热、地压、土壤酸碱度和所含矿物
质元素的影响，颜色会发生变化，
所产生出来的颜色叫"沁色"。现在，
很多商家喜欢把全沁色说成玉种，
比如全黄沁的说成是黄玉，全红沁
的说成是红玉，其实都是不准确的，
沁色只能算是和田玉一种色质。沁
色要经百年以上才能出现，还与玉
材、玉质、地理环境、土壤成分、
介质环境、埋藏时间等因素有关。
由于受沁的原因不同，呈现出来的
颜色也不尽相同。而古玉出土之后，
经过人体的把玩，其体内的物质成
分由于受到人气的涵养，玉性又会
慢慢复苏，从而使古玉原先的沁色
发生奇妙的变化，呈现出五光十色

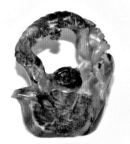

战汉和田黄玉螭虎凤鸟纹印章

的丰富色彩。

　　自然形成的沁色，从表到里，由深及浅，绚丽斑斓，丰富多彩，富有层次感。比较好的玉质，从"开窗"处往里看，沁层更有立体感。如果是"彩沁"，沁纹与蚀斑处通常更为明显，层次过渡自然。两种以上的沁色，常会发生颜色取代与覆盖现象，比如黑色覆盖红色、红色取代土沁色、水沁覆盖糖沁色等。在器表呈连续分布时，不会因刻痕而中断，刻痕内呈现同一沁色，或沉积较深

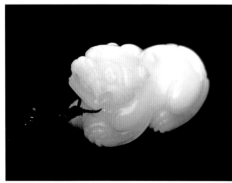

和田玉貔貅挂件

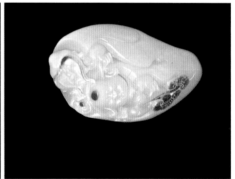

和田玉老来得子挂件

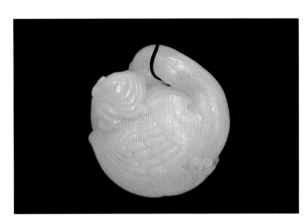

和田玉年年有余挂件

而色稍重。不受沁处的刻痕内，则多有粉状白化，或呈原生色。

自古以来，人们对古玉沁色的形成原因做出种种猜测，不断进行研究。普遍认为出土古玉沁色之所以会千差万别，是由于入土的时间、地点不同，受沁的深浅程度不同所致。因此，地理环境对沁色的形成影响很大。

我国不少好玉之士，对沁色的研究确实有不少精辟之处，但也有相当多的以讹传讹的说法流传下来。现代人们对这些说法，应当通过认真的科学态度加以认识。但一些想当然的所谓专家，不借助专业知识，总以一知半解的方法，给沁色做出武断的解释，比如"寿衣沁"便是一例。陕西省扶风县召陈村出土的西周双龙纹玉环，上面有古玉书中形容的微发紫色的"寿衣沁"。古人认为是"寿衣"的色沁入玉里，而现代不少专家都认为，所谓"寿衣沁"是含有高锰酸钾的锰矿物沁入玉体使然。其实自然界的天然锰矿，只以二氧化锰的形式存在，俗称软锰矿，它要经过高温还原才能作为着色剂呈现紫色。古代没有高锰酸钾这种化合物，所以直接的锰矿物沁入玉体呈现紫色的说法是不切实际的。古人为什么要说是"寿衣沁"？大概与古人因地制宜把自然界中的二氧化锰矿粉作为织物印染着色剂还原后使用有关。这些印染后的衣物带有锰元素，入葬后与人体骨骼肌和肝脏内含有的大量锰元素一起作用，在尸体氧化腐败后，沁入玉体。

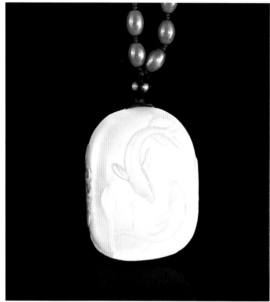

和田玉籽料年年有余

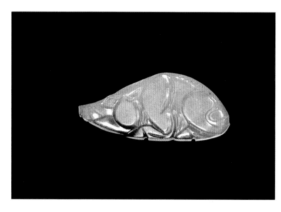

猪

长6厘米，宽3厘米，厚0.5厘米。

美玉雅词

玉昆金友：友和昆指兄弟。对他人兄弟的美称。出自北朝魏·崔鸿《十六国春秋·前凉录·辛攀》："辛攀，字怀远，陇西狄道人也。兄鉴旷，弟宝迅，皆以才识著名。秦、雍为之谚曰：'三龙一门，金友玉昆。'"

和田玉的特性

珍贵稀少

　　常言说："物以稀为贵。"假如和田玉很常见，储藏量很大，开采起来也很容易，那么不管它多么美丽，它的价格也不会这样高昂了。特别是和田玉中的羊脂白玉世间罕有，曾有人断言，再过 20 年和田就没有羊脂玉了。和田玉的市场需求量较大，但是资源却不会再生。玉石象征着一切美好的事物，是有灵性的东西，自古至今就一直受到大家的青睐。和田玉超凡脱俗，这也是其他玉

白玉金玉满堂牌

此牌为白玉质，色泽均一艳丽。以写实手法俏色处理雕琢莲花金鱼，金鱼造型可爱，体形圆肥，眼睛圆凸，布局精巧，韵味十足，寓意吉祥。

18K 金镶嵌和田籽玉首饰套装

该首饰巧妙利用和田玉天然原石，将饰品演绎出一种别具一格的时尚韵味，将女性的温婉与柔美，典雅与知性完整地表现出来。既有古典文化的雅致之趣，又有现代时尚气息，优雅而不失格调，给人留下深刻的印象。超凡的工艺水准，浑然天成，巧妙别致之间给人一种难忘之美。

石无法与之相比的。尽管目前已经发现和田玉的成矿带东西长达 1100 多千米，总储量超过 100 万吨，但其生成地质条件十分苛刻。和田玉产在昆仑山海拔约 4500 米的冰峰上，这里严重缺氧，而且天气极寒，山体陡峻，无路可攀，自然环境恶劣无比，开采难度很大。虽说现在和田玉的年产量有几百吨，但其中可以做成工艺品的上等材料数量极其稀少。其中子玉和山流水经过几千年的开采，虽然现在还无法确定剩下多少，但是如果不出意料，应该接近枯竭，想要再采到并非易事。

和田玉籽料福寿瓶

美玉雅词

鼎铛玉石：视鼎如铛，视玉如石。形容生活极端奢侈。出自唐·杜牧《阿房宫赋》："鼎铛玉石，金块珠砾。"

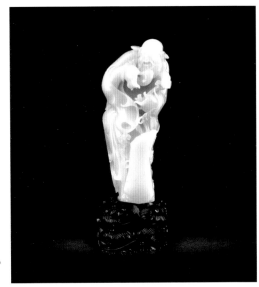

和田玉财神摆件

此摆件由和田玉籽料立体雕制，玉质细腻温润，白度上佳。雕琢财神，春风满面，面相喜人。作品风格简约，结构合理，雕工精细，寓意吉祥，自玩共赏皆可。

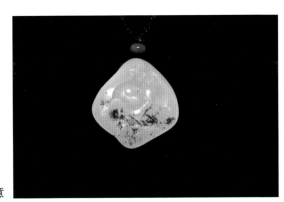

平安如意

玉文化

几千年来在中华民族中形成了特色的民族爱玉心理，玉文化也成为中华民族灿烂文化的重要组成部分，而玉石的质地和形状等更是让画家、诗人跟雕刻家有了创作灵感。和田玉就像一颗明珠，在中国历史文化中放射出灿烂的光辉，是中华民族道德精神的重要象征。历代诸子百家以儒家学说诠释和田玉并赋予"德"的内涵，于是，玉有十一德、九德、五德之说广泛传播，并被全社会所接受，成为我国玉器久盛不衰的精神支柱。这种寓德于玉，以玉比德的观念把玉和德结为一体；同时，又让玉与君子结缘，物质、社会、精神三合一的独特玉意识是我们华夏民族的思想建树，成为中国玉文化的丰富思想和精神内涵。

耐久易存

在所有的收藏品中，和田玉是独具特色的。因为世界上许多文物和艺术品都不容易长久保存下来，比如青铜器和铁器等容易受到氧化而腐蚀，书画、碑帖容易受潮发霉甚至腐烂，瓷器、陶器容易破碎，收藏这些东西的话稍不注意就会影响到收藏品的价值，甚至有可能到最后，收藏品已经分文不值了。只有玉器别具特色，不仅不会像青铜器那样被氧化，也不会像字画那样霉烂，更不会轻易破碎。再者，在身上佩戴小件的玉佩，不仅可以起到装饰作用，还能起到保健作用。民间一直都有"玉养人，人养玉"的说法，传统思想认为玉有祛病辟邪之功效，一直深受人们的青睐。总的来说，和田玉的化学性质比较稳定，不会因为自然环境的恶劣而受损，反而会变得更加坚韧。同时，和田玉比较坚硬，不容易被磨损。

和田玉籽料龙凤呈祥摆件

"龙凤呈祥"是中国传统的吉祥图案，龙有喜水、好飞、通天、善变、灵异、征瑞、兆祸、示威等神性；凤有喜火、向阳、秉德、兆瑞、崇高、尚洁、示美、喻情等神性。两者之间的美好互助合作关系建立起来，便"龙飞凤舞""龙凤呈祥"。该作品由一块带金黄色皮的新疆和田玉籽料设计制作而成，玉质洁白细润，油性颇佳，并留有淡黄洒金皮色。在玉料日益珍罕的情势下，此种质细色白皮艳的和田玉籽料，其价值将日益走高。而作品构图奇巧，一条蛟龙穿腾于玉山之间，与一凤凰相互呼应，造型流畅有致，为料佳工精的小型玉雕摆件。

和田玉松荫对弈图山子

整件山子，布局合理，刀锋锐利，层次繁密，构图紧凑，生动活泼地刻画人物、场景，展现了一派世外桃源之象。

美玉雅词

改步改玉：步指古代祭祀时祭者与尸相距的步数，以地位排列。改变步数，改换玉饰。指死者身份改变，安葬礼数也应变更。出自《左传·定公五年》："六月，季平子行东野，还，未至；丙申，卒于房。阳虎将以玙璠（君所配玉）敛，仲梁怀弗与，曰：'改步改玉。'"

玉文化

根据史料记载，和田玉器最早盛行于齐家文化，齐家文化主要分布在中国西北的陕、甘、宁地区，距今大约4200年。和田玉进入齐家文化之后，才标志着和田玉进入封建王室。而封建王室最初把和田玉器称之为神器，主要用于祭祀。和田玉器在夏商时期又得到进一步发展。齐家文化因为特殊的地域位置，属于羌玉文化的亚板块。齐家文化是接受了良渚文化的影

和田玉罗汉佛会图瓶

此瓶由和田玉籽料琢制，玉质润美，局部留红皮。此瓶形制优美，在瓶体上精心雕琢"罗汉佛会图"，其线条在圆转飞动中不乏动感，极具力度。而在着色施彩上，明快中寓意丰富，既有国画工笔重彩意味，又有写意泼墨的韵致。此瓶雕工精细，布局有致，将微雕艺术应用在和田玉雕之中，独具特色。

响而发展繁荣起来的，是以琮、璧等玉器为标志的玉文化元素。我们研究和田玉齐家文化，是对和田玉文化内涵的延伸和扩大的不断补充，也有助于我们加深对和田玉文化理论的认识。

收藏升值

近年来，和田玉的价格一直持续上涨，很多人都开始投资和田玉。进入20世纪80年代，和田玉的价格开始上涨，一级和田白玉山玉每公斤80元，子玉每公斤100元；1990年，和田白玉山玉每公斤攀升至300元，子玉达到1500～2000元。到了2005年，一级和田白玉子玉的价格达到10万元以上，特别好的以块论价。而现在，一级和田白玉子玉价格在100万元！因此，和田玉有很大的保值升值性，收藏和田玉能起到聚财储蓄的功效。

玉文化

中国悠久的玉文化历史离不开那些能工巧匠的精湛技艺，各朝各代精美绝伦的和田玉器无不体现了源远流长的和田玉文化的深厚底蕴。这些能工巧匠为

白玉活链方对瓶

链瓶双瓶连体，均方口、直颈、素身，采用镂雕技法于双瓶连接部位做合页状设计，间隙狭小，又可转动，实属不易。瓶的两端做夔龙耳，采用活环活链技法用链条将双耳相连，瓶盖亦做如此，整件作品亮点不是用纹饰来体现，而是用工艺来表达。

和田玉籽料大肚弥勒把件

该作品是由新疆白玉籽料精心雕琢而成，原料白度与玉质俱佳，带浅黄色皮，玉质油润亮泽。雕琢大肚弥勒佛，笑容可掬，袒胸露腹，长耳垂肩，侧望前方，盘腿席地而坐。背面留满皮彰显玉质，整件作品构图饱满，简洁大方，趣味盎然，是收藏把玩之佳品。

玉文化的传承和发展发挥了极其重要的作用，他们是中国玉文化的创造者、传播者和挖掘者。根据历史文献记载，历史上比较著名而且留下姓名的琢玉大师有秦朝的孙涛，他完成了赫赫有名的传国玉玺；西汉的丁缓，他完成了玉衣；五代时期完成玉观音的颜规；明朝的陆子冈完成了子冈玉牌。上述这些人都是历史上杰出的能工巧匠。当然还有很多跟他们一样技艺精湛的人，但是籍籍无名，没有被记载下来。尽管有很多人的名字已经淹没于历史长河中，但是他们为玉文化所作出的奉献是不可磨灭的。

美玉雅词

侯服玉食：侯服指王侯之服；玉食指珍美食品。意思是穿王侯的衣服，吃珍贵的食物。形容豪华奢侈的生活。出自《汉书·叙传下》："侯服玉食，败俗伤化。"

和田玉籽料福寿摆件

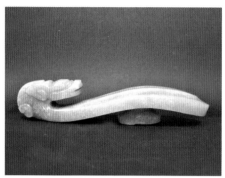

元代琵琶形带钩

长 10 厘米，宽 2.3 厘米。

白玉荷叶裸女

艺术观赏

中国有上下 5000 年的历史，经过几千年的沉淀，中国的玉文化已经基本定型了。中国历代出土的和田玉器皆为精品，每一件作品都具有很高的艺术观赏性。可以说这是人类艺术史上的辉煌成就，更是我们中华民族的象征。要知道，一件艺术作品要得到大家的认可，创作者就需要倾注大量的智慧与汗水，而温润柔和的和田玉就为创作者提供了创作最佳艺术品的原料。和田玉质地细腻，为其他玉石

碧玉喜上眉梢对瓶

玉质细腻润泽，色泽纯正，瓶体修长。瓶口侈，颈长，溜肩，腹微鼓，收胫，圈足。瓶通体光素，无瑕通透，线形典雅秀亮，琢刻刀法酣畅淋漓。纹饰只在肩部设计，镂空雕一对喜鹊于梅花间嬉戏，动感十足。作品整体纹饰纤柔而又简洁，温婉而又秀丽。玉器小巧玲珑，淳朴自然，值得赏玩。

所不能及。从古至今，经过很多艺术家的精雕细琢，很多和田玉被制作成了各种富有吉祥寓意的作品。不管是其寓意深远的主题、高贵典雅的气质、巧夺天工的雕琢，还是其变幻莫测的造型、清逸脱俗的纹饰等都极大程度地把玉赋予的美德表现出来了。每件作品都有相当

高的观赏价值，其博大精深的文化内涵更是耐人寻味。

　　总之，各地区各个民族，生活在中华大地上，其文化背景、经济结构和风俗习惯均有差异。因此，对和田玉的认识和喜好程度也存在着差异。一个地区、一个时期、一个民族都对和田玉存有不同的、较大的差异反应，但对和田玉的特性认识是不会改变的。

美玉雅词

化干戈为玉帛：比喻使战争转变为和平。出自《淮南子·原道训》："昔者夏鲧作三仞之城，诸侯背之，海外有狡心。禹知天下之叛也，乃坏城平池，散财物，焚甲兵，施之以德，海外宾服，四夷纳职，合诸侯于涂山，执玉帛者万国。"

和田玉籽料瓜瓞绵绵把件
此件作品瓜形硕大饱满，弧面抛光细致，凸显出原料温润之感，构思巧妙，厚重大气，别具匠心。

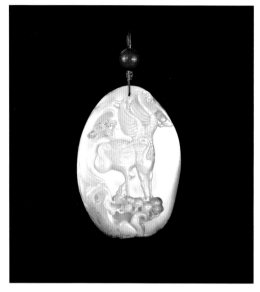

和田玉籽料松鹤延年把件

此把件玉质佳好，温润滋泽，明秀洁白，带黄皮，料形椭圆。浮雕琢制，一参天古松，枝干道劲有力。整件作品设计高雅大方，清新别致，雕工细致入微，是一件不可多得的艺术珍品。

玉文化

　　女娲补天在中国神话中是非常具有传奇色彩的一个故事，女娲是伏羲的妹妹，是国人心目中的女神。传说中水神共工造反，与火神祝融交战，共工被祝融打败了，他气得用头去撞西方的世界支柱不周山，导致天塌陷，天河之水注入人间。女娲不忍人类受灾，于是炼出五色石补好天空，折神鳌之足撑四极，平洪水杀猛兽，人类始得以安居。

和田玉

第四章

和田玉的雕琢艺术

俗话说"玉不琢，不成器"，一块玉必须经过多道工序才能成为一件玉器。
正所谓"美玉，巧琢成器"，一块美玉只有经过工匠的巧妙构思和鬼斧
神工般的琢磨，才能成为一件精美绝伦的艺术珍品。

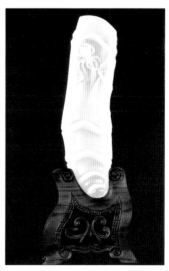

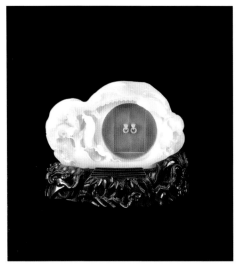

和田玉出入平安摆件

鳄鱼
长 1.7 厘米，宽 9 厘米，厚 4 厘米。

俗话说"玉不琢，不成器"，一块玉必须经过多道工序才能成为一件玉器。正所谓"美玉，巧琢成器"，一块美玉只有经过工匠的巧妙构思和鬼斧神工般的琢磨，才能成为一件精美绝伦的艺术珍品。中国的琢玉工艺历史悠久，经过几千年的发展，逐渐成为世界上独一无二的艺术。制玉工艺起源于我国古人的生产劳动。在我国第一部诗歌总集《诗经》中就有形象描绘琢玉工艺的诗句："如切如磋，如琢如磨。"这里所说的就是玉石的加工工序。切，就是把玉料割开；磋，就是对玉料进行进一步的成型修治；琢，就是雕琢纹饰和成器；磨，就是对玉石进行抛光。这些琢玉工艺从石器时代开始，经过几千年的不断发展，最终使中国的琢玉工艺在世界上大放异彩。和田玉加工基本遵循锯割、琢磨、抛光、上蜡四大步骤。

和田玉的锯割

　　锯割是玉石加工的第一道工序，是指在锯割机上将玉石材料分割成适当的形态和大小，这样就便于玉石工匠合理雕琢利用。这锯割的过程涉及锯机和锯片。从古至今，锯割玉石所用的工具一直都在发生变化。以前是人力驱动的泥砂锯，经过一段相当长的时间之后，就开始大量使用电力驱动的切割机。现代被大量使用的割锯机分为很多种，它们都各自有自己的不同分工。如大料切割机（包括开石机、切片机）、小型切割机、多刀切割机等等。锯片的种类也都是不同的。现代各种锯机的锯片则采用热铸锯片和滚压——电镀锯片，将钻石粉直接热铸或滚压在锯片的刀刃之上，使锯机只需冷却水便可快速对任何硬度的玉石进行切割。尤其是滚压——电镀锯片，其价格低廉，规格齐全，用它来切割玉石，可以使玉石的损耗降到最低。也正因如此，滚压——电镀锯片一诞生，便被广泛应用。

美玉雅词

蒹葭倚玉树：比喻一丑一美不能相比。也用作借别人的光的客套话。出自南朝宋·刘义庆《世说新语·容止》："魏蝗帝使后弟毛曾与夏侯元并坐，时人谓蒹葭倚玉树。"

观音头
长 3.5 厘米，宽 2 厘米，厚 1 厘米。

#

和田玉的琢磨

琢磨是和田玉加工的第二道工序，而这道工序对玉器的造型质量起到了至关重要的作用，琢磨的好坏也决定了一件玉器作品的优劣。琢磨的过程涉及磨料与磨具。磨料是玉石加工的重要辅料，古代工匠用河床中的砂子做磨料。玉石的琢磨是通过有磨料配合的磨具来进行的，通常有两种形式：以松散颗粒磨料琢磨和以固着的磨料琢磨。前者是通过将磨料加水制成悬浮液附着在某些工具（如铸铁平磨盘）上，借助于磨盘的旋转及施加于玉料上的压力使磨料对玉石进行琢磨，这种形式是传统琢磨方法常采用的；后者则是通过树脂、金属、

和田玉籽料双兽耳笔洗

文房四宝笔、墨、纸、砚之外的一种文房用具，是用来盛水洗笔的器皿，以形制乖巧、种类繁多、雅致精美而广受青睐，传世的笔洗中，有很多是艺术珍品。此水洗则由和田玉籽料雕就，白玉色纯质润，器型古朴典雅，雕工规整精美，型、工、用三者达到完美的结合统一。

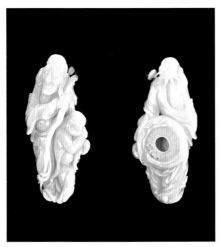

和田玉籽料和合二仙把件

整件作品以线代面，硬朗舒展，线条流畅，妙趣
横生，寓意吉祥。

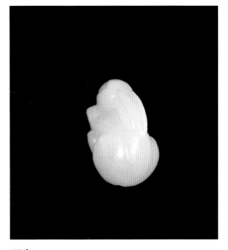

玉兔

长3厘米，宽2厘米，厚1.5厘米。

美玉雅词

金枷玉锁：枷指套在脖子上的刑具；锁指用铁环连接而成的刑具。比喻儿女既是父
母的宝贝，又是负担和包袱。出自元朝无名氏的《小张屠》第二折："到来日只少
个殃人祸，儿女是金枷玉锁。"

陶瓷等结合剂将磨料固着在一定的基体上制成磨具，从而对和田玉进行琢磨，
现代玉加工多用这种方法。如用碳化硅粉制成的磨具称碳化硅磨具，包括各种
类型的砂轮、砂条、砂布、砂纸等，以碳化硅砂轮最为常用。

玉器雕琢的表现手法有透雕、镂雕、链子活等。透雕又叫镂空雕，是浮雕
的进一步发展，是在浅浮雕或深浮雕的基础上，将某些背景的部位镂空，使作
品的景象轮廓更加鲜明，从而体现玲珑剔透、奇巧的工艺效果。透雕使玉器作
品层次增多，花纹图案上下起伏二三层乃至四层。由于层次增多，花纹图案上
下交错，景物远近有别。透雕完成后，在玉器抛光时颇为费时费力，但其艺术
效果也是最佳的。这种雕法还被称为"圆身雕"，属三维立体雕刻，前后左右

各面均雕出，可以从四周上下任何角度欣赏，通体作品形同实物，充分体现了玲珑施艺、精雕细刻的至高境界。链子活则更具工艺技巧，一串链环，环环相连，乃用一块玉料琢磨而成，其用工、用具极为精细讲究，非语言可叙述清晰。链子活雕琢讲求静心、耐心、细心，稍不小心，前功尽弃，从这"三心"可揣摩其施艺的精细与难度。这种"链子活"也称为活环活链技艺。琢玉是属于艺术范畴的创造性劳动，琢玉人员的水平非常关键。中国的琢玉以高超精巧的技艺称誉世界，正如世界许多学者、艺术家所说那样，玉及其雕琢的特技，是中国人的天才创造和杰出贡献。

说说看

在加工玉器之前首先要进行选料，其实琢玉师傅大多是根据玉料对作品进行构思跟设计的，也就是业内人们常说的"量材施艺"。选好材料之后就要对玉料进行剥皮了，剥皮环节也不是一概而论的，对于好料好皮色，是不能随意剥去的，而是用不同颜色进行构思，进行俏色而作，以提高其作品的艺术价值和市场价值。设计者往往根据玉料的形状、块度、纹理以及表面皮色进行构思，形成完整的雕琢题材。要最大限度地利用玉料及皮色，尤其是摒弃玉料上的杂质瑕疵，使作品达到最佳的艺术效果，这是设计者和雕琢者的功力所在。

和田玉知足常乐摆件
该作品刀法简约流畅、生动有趣，寓意节节高升、欣欣向荣。此物可为二用，既可置于案头，作为小景，亦可置于书房，作为笔搁，颇富文人意趣。

和田玉的抛光

　　抛光是和田玉加工的第三道工序，抛光的过程就是把玉器表面磨细，使之光滑明亮，具有美感。和田玉玉器的抛光，要求使玉面平顺，以反映玉的润美，这就要把玉性压下去。抛光涉及到抛光剂和抛光工具，即用抛光工具除去表面的糙面，把表面磨得很细，然后再用抛光剂和一些水或缝纫机油等液体按照一

美玉雅词

金浆玉醴：浆指酒；醴指甜酒。原指仙药，后指美酒佳酿。出自晋·葛洪《抱朴子·内篇》："朱草生名山岩石中，汁如血，以金玉投其中，立便可丸如泥，久则成水。以金投之，名为金浆，以玉投之，名为玉醴，服之皆长生。"

和田玉观瀑图插屏

此观瀑图插屏借和田青花籽玉之美妙天然玉色，化天然为自然，如诗如画地蕴染出层峦叠嶂之下，古树苍茫，一老叟站立于洲涯之边，观看瀑布飞流而下，在瀑布拍岸、白露横江的天然韵律中，展现了"天人合一"之妙境。

定比例混合，使之附着在抛光工具上与工件发生摩擦。若操作方法得当，就能把作品上的污垢清洗掉，使玉件显出亮丽的外表。

抛光过程是使抛光剂附着在抛光工具上，使之与玉器发生摩擦而实现的。普通的抛光工具分为两类：一类用于抛光工具凸面、球面及随形表曲的玉件，通常使用如毛毡、皮革、毛呢等制成抛光盘或抛光轮，称之为软盘；另一类用于抛光工具有平面的硬质材料如金属、塑料、小头等制作抛光盘。常将以金属制作的抛光盘称之为硬盘，以木头、塑料甚至沥青制作的抛光盘称之为中硬盘。玉石加工因多以弧面或曲面为常见，所以更常用软质抛光工具。

抛光首先是去粗磨细，再次是清洗，即用溶液把玉上面的污垢洗掉，最后是过油、上蜡，以增加作品的亮度和光洁度。

和田玉的上蜡

和田玉加工的最后一道程序就是上蜡了，上蜡也称过蜡，不过这已经不是对玉石的加工了，而是对玉器的处理过程。一般来说，上蜡有两种方法：一种是蒸蜡，即把石蜡削成粉末状，然后在玉器上面撒上石粉，等石蜡融化，就会布满玉器表面；另一种是煮蜡，是指在一容器中，保持一定的温度，将玉件放入一筛状平底的玉器中，连容器一起浸入处于熔融状态的石蜡中，使其充分浸蜡，然后提起，迅速将多余的蜡甩干净，并用毛巾或布条擦去附在表面上的蜡。这种上蜡方法可使蜡质深入裂隙或孔隙当中，效果非常好。

经过上述程序，把玉器制成后，还配上富丽的装潢，以美化和保护玉器，并提高身价。座是玉器的主要装潢，用木、石、金属等制作，其形状、高矮、

岁岁平安
长3厘米，宽2.2厘米，
厚1厘米。

厚薄和造型雕刻都应以玉器造型为依据，使之浑然一体。匣是放置玉器用的，大体反映了玉器的高贵程度，有专门的技术要求，以保持中国匣的风格。总之，一件玉器的制成，从选料开始，到装进匣才算全部完成，所有的一切都凝结着

美玉雅词

金声玉振：以钟发声，以磬收韵，奏乐从始至终。比喻音韵响亮、和谐。也比喻人的知识渊博，才学精到。出自《孟子·万章下》："集大成也者，金声而玉振之也。金声也者，始条理也；玉振之也者，终条理也。始条理者，智之事也；终条理者，圣之事也。"

和田玉月夜泛舟图山子
该作品由青花籽料雕刻而成，玉色灰白相间。作品俏色合理，兼顾了全局构图的和谐与细节的高度传神，镂空自然，画面感强烈，色彩对比鲜明，具有很强的艺术感染力。

琢玉艺人的心血。一件玉器作品的诞生，少则一月，多则数年，而且稍不留意就有损坏的危险，琢玉艺术凭借高超的技艺，费尽心血才使一件作品最终得以完成。所以，一件玉器不仅玉料宝贵，而琢磨之功更是难能可贵。

说说看

爱玉者必知的常用术语：

蛀孔：指玉质表面大小不一，如虫蛀般的孔洞。

玉皮：玉石表面的皮色。

俏色：又称巧色、巧作，指巧妙利用玉料上的不同颜色雕琢成花纹、图形，增强作品艺术表现力。

圆雕：又称立体雕，是指非压缩的，可以多方位、多角度欣赏的三维立体雕塑。

透雕：指镂空雕法。

和田玉籽料观瀑图山子

和田玉的造型艺术

第十五章

和田玉的形态是审美的重要标准之一，玉器作品属于造型艺术，通过造型与纹饰来表现主题。利用取舍，勾勒出线条之美、写意之美，达到对称与平衡、多样与统一等艺术形式美。

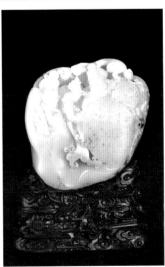

和田玉的造型艺术

　　和田玉的形态是审美的重要标准之一，玉器作品属于造型艺术，通过造型与纹饰来表现主题。利用取舍，勾勒出线条之美、写意之美，达到对称与平衡、多样与统一等艺术形式美。造型的具体图案有层次感和透视感，动静结合，惟妙惟肖，使整体形象生动传神，富有情趣，给人带来美的享受。上文已经说到和田玉器的加工技法，那加工出来的和田玉器又都是什么形态的呢？

和田玉籽料层林尽染牌

此牌由和田玉籽料雕就，玉质细腻油润，皮色尤为黄艳迷人。此种玉料极为少见，在和田玉料资源日益枯竭的情况下，越发显现其价值。正面以俏色手法将红皮雕琢为满山红叶，犹若"霜叶红于二月花"之意境。枫叶之下，一人摇橹，二人坐于扁舟之上，欣赏着满山美景。层次叠叠推进，楼台亭阁、云雾氤氲、远山蔼蔼，犹若画境。另面则以留白为主，大面积的留白与正面繁复的画面相互映衬，在工白相应间，展示了作者卓尔不群的构图能力，激发了观者的想象力，更富意趣。此牌最难能可贵之处在于牌面四面满工，楼台亭阁的处理较为立体，而远山的处理手法则应用了山子雕的技法，犹若斧劈，层次亦十分清晰，在方寸之间展现了七八处层次，可见其设计、布局、雕刻之深厚功底。此牌用料厚重富足，雕工精细唯美，意境画意十足，别生一种清远秀逸之气，文人之气甚浓，为当代玉牌之上品。

和田玉饰品

从古至今，和田玉一直都受到女性的青睐，早在新石器时代就已经被做成了饰品。比如玉玦、玉环和玉璧，这三种玉饰都是在新时器时代就出现了，它们的形状非常相似，主要区别是它们中间孔径的大小。孔最大的是玉玦，其次是玉环，最小的是玉璧。最早出现的玉玦光素无纹，到了战国时期，玉玦上的纹饰逐渐增多。纹饰以谷纹和云纹为多，也有变化成一条首尾相接的龙形或变化成筒形的。玉环在新石器时代和良渚文化中均有发现，大的玉环可以做成手镯和臂饰，小的玉环可以做成戒指或者耳环等饰品。古代的动物玉饰也比较常见，尤其是进入文明社会之后，动物形玉饰的数量增多，制作上也更加精美起来。不仅可以作为佩饰，还能作为头饰和耳饰。其纹饰除了现实生活中的牛、马、羊、蝴蝶、孔雀等动物，还包括龙、凤等想象出来的各种动物。除此之外，还有各种玉簪、玉组佩、玉刚卯、玉扳指、玉带板和玉带钩等饰品。

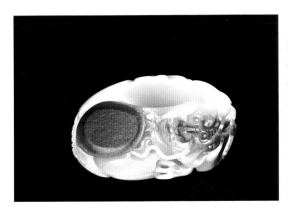

和田玉扳指

满工的和田玉籽料扳指，红皮俏色利用，设计为龙首及火焰珠，戏珠之龙，身体盘曲，细节刻画细腻，工艺流畅，技法娴熟，张弛有度。玉扳指的表面高浮雕琢蟠螭龙，螭龙呈回首状，身体扭动，力量感强烈，一点金皮俏色于额头，妙趣横生。扳指中间取出的小料，设计为龙钮印章，小巧玲珑。二者一套，又可独立成件，意趣非凡。

美玉雅词

金童玉女：道家指侍奉仙人的童男童女。后泛指天真无邪的男孩女孩。出自唐·徐彦伯《幸白鹿观应制》诗："金童擎紫药，玉女献青莲。"元·李好古《张生煮海》第一折："金童玉女意投机，才子佳人世罕稀。"

白玉福寿如意摆件
此如意摆件由白玉镂空雕而成，玉质莹润光洁，色度均一。用料颇足，造型古朴，可陈设于文房厅堂之上。

白玉渔家乐大牌

说说看

　　爱玉者必知的常用术语：

　　剔地平雕：先在玉料表面设计主纹，再把主纹外的地方均匀琢低至一定深度，将主纹凸显出来。

　　游丝毛雕：汉朝特有的刀法，指线条织细如丝，作蚰蜒状。

　　铁沁：铁质氧化物顺着玉石较疏松处沁入内部，形成的红褐色铁沁。

和田玉摆件

　　和田玉摆件从古至今屡见不鲜，不管是一些放在山水园林中的景观，还是放在室内的玉屏风、寓意吉祥的玉如意，或者是各种动植物摆件，都经过工艺大师的精雕细琢，其制作都是相当精良的。

　　玉山子在元朝时就已经出现了，盛行于明清时期。最著名的玉山子首推乾隆时期的"大禹治水图"山子，重达5000多公斤，目前为止这是世界上发现的最大的古代玉器。玉如意大概出现在东汉时期，在魏晋南北朝时期开始流行，到了清朝之后，就成了重要的吉祥性陈设品。玉如意上端为灵芝形或云形，柄

灵芝纹如意摆件

此如意由和田玉籽料雕就，晶莹温润，玉质硬朗老气，方可采用如此复杂的镂空雕刻技法。如意头正上方浮雕灵芝纹，略有凹凸之感。如意柄雕琢为一梅花枝干，曲折宛转，柄上镂空雕琢梅枝、梅干与梅花，把梅花桀骜不驯的性格表现得淋漓尽致。该如意摆件梅花皆镂空雕就，既费工时，又耗功力，稍有不慎，就有可能功亏一篑。此器工料俱佳，制作工艺细腻、精致，穷尽极巧，侈美奢华，当为呕心之作。

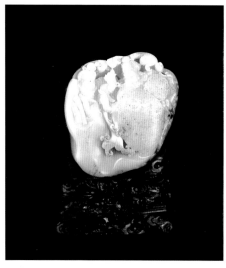

和田玉籽料悟道摆件

此摆件由和田玉籽料雕就，外裹金皮，内蕴羊脂，其料佳形美，质地细腻。作者仅破皮巧雕，保留了玉料的天然形状，一面雕琢两老者谈经论道，其神态丰富，手势夸张。而身体与衣纹则以弧面来表示，与二老者丰富的面部表情形成了强烈的对比与反差，使主题更加突出。正面留白处则以行楷书"欲诚其意者先致其知，致知在格物，物格而后知至，知至而后意诚"。将繁与简叠加运用，一部分结构做得极其清晰精细，一部分用大面块来表示，形成对比与反差。

其中玉山子是用立体圆雕、浮雕等手法综合制作而成的山水园林景观，上面有山林、水草、人物、禽兽、飞鸟、楼阁、流水等，层次分明，富有诗情画意。

和田玉访友图山子

此山子为白玉质，洁白温润，材佳质美，几乎不留皮色，以展现玉质之大美。全器作山形，一面琢"访友图"，但见一老叟与一童子相伴而行，氤氲缥缈。中部一株古松枝繁叶茂，凌云参天，远处楼台亭阁依山而建，鳞次栉比。另一面则有一老者端坐在崖门的奇石上，远望银洲湖上自由飞翔的海鸥，手抚弄着"龙唇"琴，似乎在弹奏"鸥鹭忘机"的古韵，实与明清山水画境的表现有异曲同工之妙。此件山子量材制器，随形施艺，布局疏朗有致，层次分明，斧劈逡劈，以自然之质再造自然之美，兼顾质、形、艺，为当代"画意"类山子之完美体现。

微曲，供陈设或玩赏。古代玉器中的人物摆件数不胜数，其种类繁多，姿态各异，着装风格也不尽相同。雕刻的主题主要是现实中的儿童、老人、仕女、神仙和各种传说中的人物形象。动植物的摆件在古代也很常见，其中植物摆件要比人物和动物摆件出现的时间晚一些，到了唐朝之后才开始逐渐增多。其刻画的植物主要以瓜果蔬菜为主，也不乏松、竹、梅等植物。

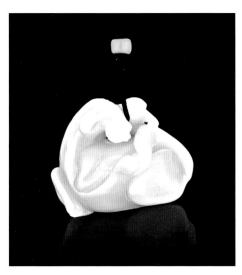

和田玉籽料马上封侯

和田白玉带淡雅皮色，质地细腻油润。作品采用圆雕工艺雕琢卧身回首的卧马，顽猴立于马背之上，生动逼真。作品线条流畅自然，刀工朴拙简练，颇具古韵。取其谐音"马上封侯"，寓意官运亨通、仕途顺畅。

美玉雅词

琼林玉树：琼指美玉。泛指精美华丽的陈设。出自唐·蒋防《霍小玉传》："但觉一室之中，若琼林玉树，互相照曜，转盼精彩射人。"

玉文化

古代皇帝多喜爱玉器，而乾隆皇帝对玉器的喜爱之情更是超越历代帝王。乾隆一日不见玉器就会感觉不舒坦，后人称其为玉痴。乾隆每得到一件珍贵的玉器，总会题诗吟咏，或表示愉快的心情，或对古人工艺的赞叹，或对其用途略加考证。对于当代所制玉，则是记叙其经过，以为传承有续。仅据不完全统计，他的御制诗中有咏玉诗近800首，在御制《和

和田玉籽料太湖风光

作品以深浅浮雕雕琢出太湖风光，但见芦苇随风飘曳，湖面烟波浩渺，一头戴斗笠的渔翁，独钓孤舟，风光无限，颇有画境之美。

阗玉》诗中,乾隆写道:"和阗昔于阗,出玉素所称,不知何以出,今乃悉情形。"并说:"回城定全部,和阗驻我兵,其河人常至,随取皆瑶琼。"

和田玉兵仪器

在新石器时代,就已经出现了由玉石制成的仪仗性用具。比如当时出现的玉斧、玉钺以及后来出现的玉铲、玉刀、玉戈、玉剑等兵器,大多都没有实用性,都是作为仪仗用兵器出现的。玉斧多为扁平梯形,一端弧刃,背部较厚,有钻孔,用来绑缚固定在柄上。碾制精细,斧体较薄,大多光素无纹,少数有兽面纹。

美玉雅词

面如冠玉:比喻男子徒有其表,也用来形容男子的美貌。出自《史记·陈丞相世家》:"绛侯、灌婴等咸谗陈平曰:'平虽美丈夫,如冠玉耳,其中未必有也。'"

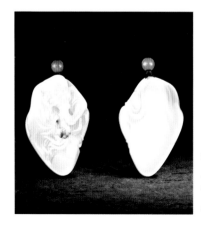

和田玉罗汉挂件
此作品材质油润如脂,无瑕白皙,极其细腻。罗汉手执酒壶,弯臂曲膝,面露喜色,长袍加身,颇具乐趣。此件罗汉令藏家眷顾珍视之。

玉钺出现在新石器时代晚期，是军事首领的象征物。大多制作精美，雕刻有精美的纹饰。玉刀种类很多，大多一边开刃，背部均有 2～7 个穿孔，最长的可达 54 厘米。商代玉刀刀身窄长，凹背凸刃，肩略上翘。上部两面均雕龙纹，背部雕刻有锯齿状扉棱。玉戈则是在商周时期盛行起来的一种仪仗用兵器，玉剑则在春秋至汉朝时期盛行。

说说看

爱玉者必知的常用术语：

斜刀：西周时期特有的刀法，指在并行的双阴线中，磨去其一的线墙，使之成斜坡形。

汉八刀：汉朝特有的刀法，器物线条粗劲、简练、雕琢极少，就好像是用八刀刻成一样。

生坑：指新出土或出土后未经盘磨的器物。

熟坑：指未经入土或早年出土后经人工盘磨的器物。

脱胎：指出土玉器经人工长期盘玩后，玉质晶莹亮润，色泽愈发鲜艳，犹如羽化成仙，脱出凡胎。

白化：玉器出土后，受到埋藏环境影响，其显微结构变轻，透明度丧失，颜色变白的现象。

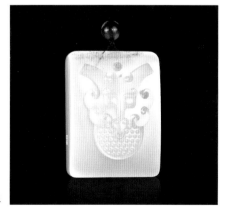

和田玉福在眼前牌

和田玉礼器

　　古人认为玉石是吸收天地之精华所成，是上天恩赐的珍宝，具有惊天地泣鬼神的作用。正因如此，礼玉在我国古代占有重要地位。部落的图腾经常用玉石来雕琢，在祭祀或者一些礼仪活动中，也都是用玉器作为供奉和仪仗用品。我国古代最重要的礼器就是玉璧，同时玉璧也是存在时间最长的一种礼器，早在新石器时代就已经出现。玉璧呈扁平圆形，中间有孔，大多都光素无纹。玉璧是天子用来祭祀苍天的礼器，玉璧不仅是一种重要的礼器，能用来殉葬，还是社交中重要的信物和馈赠品。几乎在历史的各个时期都会制作玉璧，其数量多得不可计数。此外还有玉璜、玉圭、玉琮、玉琥等礼器。其中玉圭是"六器"之一，只有官阶达到一定品级的人才可使用玉圭，玉圭是身份地位的象征。从新石器时期开始，一直到之后的历代都有制作。按玉圭的品级和礼仪场合来分，可分为大圭、镇圭、信圭、躬圭、恒圭、琬圭、琰圭等。玉琮四寸见方，是天子所执的玉器。古代天子颁赐玉圭给诸侯，让他们世代保存作为传家宝物。诸侯执圭来朝见天子，天子则执琮接见。玉琥指形状像虎的玉器，"六器"之一，而且跟其他的礼玉相比，玉琥是最写实的玉器，其他的都是比较抽象的几何图形。中国古代把虎看作百兽之王，因而器物上经常雕琢虎纹。

　　除了上述的礼器之外，还有用来求雨的玉珑，以及代表天子身份的笏和用来祭祀用的豆、樽、觚等玉容器。

和田玉龙凤对牌

该作品材质细腻油润，白度上佳，带典雅金皮，正面雕琢仿古龙凤纹饰，背面大雅不雕，形制规矩，料佳工精。

窃玉偷香：比喻引诱妇女。出自《晋书·贾充传》："时西域有贡奇香，一著人则经月不歇，帝甚贵之，惟以赐充及大司马陈骞。其女密盗以遗寿，充僚属与寿燕处，闻其芬馥，称之于充。……"

和田玉器皿

　　中国古代玉器皿分为传统器皿、实用器皿与兽形器皿三种。传统器皿有瓶、炉、熏、樽、簋等；实用器皿有酒具、茶具、餐具等；兽形器皿如羊樽、鸭罐、兔樽、凤瓶、鸳鸯盒等。我们无法将所有的和田玉器皿逐一告诉大家，只是对一些典型的器皿做一个介绍。大概在西汉时期出现了玉杯，当时的玉杯已经制作得相当精巧细致，采用的是浮雕与刻线相结合的琢制手法。玉杯在唐宋之后开始盛行起来，样式在这时也变得更加丰富，造型独特，纹饰别致。到了明朝，玉杯的制作工艺达到了登峰造极的程度，杯一侧或整个杯外都有一大片极复杂的镂雕装饰。清朝时期的玉杯样式繁多，而且很多的玉杯都讲究杯托，但在加工的工艺和质量上参差不齐，有精有劣。除了玉杯之外，玉壶在古代也是比较常见的一种器皿。古诗有"一片冰心在玉壶"的千古名句，由此可见，玉壶在古人心中不仅仅只是一件器皿，更象征着高洁。明朝的玉壶是当时最具特色的玉器之一，它的装饰图案别具一格，比如八仙献寿等吉祥图案。清朝的玉壶在加工上，则更加注重炫耀雕琢技巧和追求纹饰的精细，却忽视了器物形制的完美和装饰适度。除此之外，还有玉碗、玉罐、玉瓶、玉樽等器皿，这些器皿除了实用之外，还能作为陈设品或玩物。

美玉雅词

仙姿玉貌：形容女子姿态容貌都美。出自《津阳门》诗："鸣鞭后骑何蹩躠，宫妆襟袖皆仙姿。"《乐府诗集·宫怨》："三千玉貌休自夸，十二金钗独相问。"

白玉观音挂件

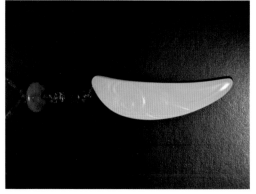

玉象

长 6.5 厘米，宽 1.5 厘米，厚 0.5 厘米。

和田玉葬玉

　　丧葬之礼在中国起源很早，早在旧石器时代山顶洞文化中，就发现有许多散布在尸骸附近的石珠、兽牙等。到了汉朝，由于受到儒家思想的影响，厚葬之风盛行。真正的纯随葬玉不是泛指所有的埋葬在墓中的玉器，是指那些专门为保存尸体而制作的玉器，主要包括：玉握、玉塞、玉衣、玉玲等。玉衣也称玉押、玉匣，是汉朝帝王将相死后所穿的殓服。自汉景帝末年或武帝初年开始盛行，到目前为止，我国出土已有几十套玉衣。玉衣的外观和人体大致相似，由数千玉片加金、银、铜、丝线缀成，按部位可分头罩、上衣、手套、裤筒和鞋子五部分。

　　玉玲是指含在死者口中的玉器，其中以汉朝的玉蝉最为出名，造型生动逼真。玉握是指死者握在手中的玉器，古人认为人死不能空手而去，死后也要握着财富及权力。九窍塞共六种九件，用以填塞或遮盖死者耳、目、口、鼻、肛门和

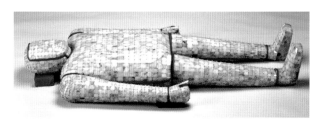

金缕玉衣

这件金缕玉衣目前有很多全国之最：年代最早，距今超过 2000 多年，推断墓主人是第三代楚王刘戊；玉片最多，玉衣长 174 厘米、宽 68 厘米，用 1576 克金丝连缀起 4248 块大小不等的玉片；玉质最好，玉衣全部用新疆和田白玉、青玉组成，温润晶莹；工艺最精，玉衣设计精巧，做工细致，拼合得天衣无缝，是旷世难得的艺术瑰宝。

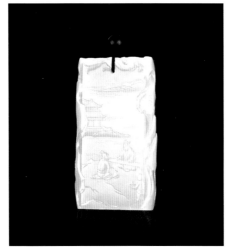

和田玉籽料康乐方牌

生殖器，目的是防止人体内的"精气"由九窍逸出，以达尸骨不腐。晋代葛洪《抱朴子》有"金玉在九窍，则死人不朽"之说。

玉文化

乾隆皇帝死后100年，中国玉器从巅峰瞬间跌入低谷，垂帘听政的慈禧太后，唯独钟情于翡翠，引得全国人民都开始追捧翡翠。一时之间，翡翠的价格竟然超越了和田玉的价格。而慈禧的陪葬品中，大部分也都是翡翠制品。

翡翠敦煌伎乐天摆件
此作品以浮雕的形式再现了丝绸之路各民族的服装、舞姿和音乐，将敦煌壁画的神韵展现得淋漓尽致。

和田玉

第六章

和田玉的真假鉴别

自古以来，和田玉就得到我国人民的重视……怎样才能选购到货真价实的和田玉器呢？

　　我国和田玉历史悠久，蜚声中外，琳琅满目的和田玉精品，是中华民族灿烂文化的组成部分。自古以来，和田玉就得到了我国人民的重视，而且随着人民生活水平的日益提高，和田玉的市场异常火爆，价格也一路飙升，昔日王公贵族玩的高档玉器逐渐走入寻常百姓家。可人们往往缺乏辨别真伪的慧眼，那么怎样才能选购到货真价实的和田玉器呢？俗话说"真玉假不了，假玉真不了"，真玉是无价宝，假玉就会一文不值，那如何才能让我们免受经济上的损失呢？总的来说，要想对和田玉器进行准确而科学的鉴定，主要从质地、颜色、刀工、纹饰与器形等几个方面着手。一般来说，在其他条件都相同的前提下，尺寸大的总是比尺寸小的价值高；品相好、完整无缺的总是比品相差、有残缺的价值高。我们不仅要对各时代和田玉器的品种、材质、造型、纹饰及工艺等不同特点有充分的认识和了解，还要对仿古玉器制造的历史及制作工艺有充分的认识。

和田玉籽料太师少师章

玉质莹润，黄皮点点。雕琢一大狮和四小狮。大狮伏卧作回首状，圆眼，如意形鼻，方口，神态端重，以左前足按绣球。一小狮依偎于大狮前腿一侧，共戏绣球。另三小狮分别附于狮身两侧，扭首曲身，形态生动。采用写实手法，在着重于结构和造型的同时，更深入于神情动静的刻画。章身另两侧刻画暗八宝纹，分别是铁拐李的葫芦、吕洞宾的宝剑、汉钟离的扇子、张果老的鱼骨、何仙姑的笊篱、蓝采和的阴阳板、韩湘子的花篮和曹国舅的横笛，刀法流利而精湛，极富表现力。此件太师少师章，造型精美、形象生动、雕琢精细，为玉雕作品中难得之精品，意取大小狮为太师、少师。太师为我国古代的官名，是朝中地位最高的官衔，少师地位仅次于太师。

真假和田玉

　　和田玉和陕西蓝田玉、河南南阳玉、甘肃酒泉玉、辽宁岫岩玉并称为中国五大名玉。和田玉是一种软玉，俗称真玉。狭义上讲的和田玉，一般指新疆和田玉。和田玉的化学成分是含水的钙镁硅酸盐，硬度为 6 ～ 6.5，密度为 2.96~3.17。市面上假冒和田玉的品种很多，有用石英料、西峡玉、阿富汗玉、青海玉、俄料、戈壁玉等充当和田玉的，更有甚者，用玻璃来冒充。下面我们就简单介绍一下市面上比较常见的和田玉料的假冒形式。当然，俄料目前的价格不比和田玉低，所以，用俄料冒充和田玉的年代已成为过去时，这里也就不细说它与和田玉的区别了。

阿富汗玉手镯

老青海玉贵妃牌子

岫玉摆件

1．阿富汗玉比重较轻，属于白色石英岩，质地比和田玉松散，光泽较亮属玻璃光泽，颜色一般都是纯白色的，价值比较低。阿富汗玉乍一看很像和田玉中的羊脂玉，表面做成亚光状的时候，看着润度也很好，但是它的硬度很低，只要在玻璃上一划，就会被划损。

2．青海玉比和田玉的比重略轻，质地接近，光泽较亮，缺乏羊脂玉般的凝重感觉，经常可见有透明水线。青海玉颜色也稍显不正，常有偏灰、偏绿、偏黄色。青海玉基本都是山料。如果仔细观察内部结构就能发现与和田玉的不一样。但从地质学角度看，青海玉与和田玉的构成是相差无几的。

3．岫玉即蛇纹石玉中的白色玉，有点接近和田玉，但是硬度较低，容易区别。

4．冒充翡翠的马来玉（马来西亚玉），实际上马来西亚并不产此玉，马来玉属于人工合成的染色石英岩硅化玻璃。玻璃硬度够，做得也很漂亮，但是润度和光泽都很生硬，完全不具备和田玉宝光内敛的特质。

马来玉饰品

三彩翡翠福寿

美玉雅词

谢庭兰玉：比喻能光耀门庭的子侄。出自晋·裴启《语林》："谢太傅问诸子侄曰：
'子弟何预人事，而政欲使其佳？'诸人莫有言者，车骑答曰：'譬如芝兰玉树，
欲使生于阶庭耳。'"

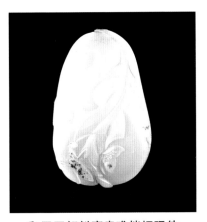

和田玉籽料富贵难挡把玩件

鉴别方法

　　真玉有半透明的，也有不透明的，在光照下，和田玉能透过光，但看不清透过的物像。可将玉石对准光源，用手在玉后晃动，真的和田玉能看出有黑影晃动。真玉的光泽一般都比较温润，其他玉石的滋润和油脂光泽不及和田玉。内部夹有少量杂质或呈棉絮状花纹均属正常。假玉器色泽干枯，灰暗呆板无灵气，有的还有气泡。把玉放在手里掂一掂，真玉的手感较沉重，假玉的手感比较轻飘，真玉用手摸会有冰凉润滑之感。用舌尖舔的时候，真玉有涩的感觉，而假玉则无。真玉比较坚硬，用刀划刻无痕迹。假玉器通常比较软，用刀划刻可见刀痕，但是现在很多仿料也选择一些硬度高的玉石，同样会不留痕迹。和田玉由于质厚温润、脉理坚密，所以在敲击下声音清脆、洪亮，可拿两块相同的玉对敲几下，如果声音黯哑则不是和田玉。我们在鉴定玉器的时候，可以在玉石上面滴上一滴水，真玉上面会形成露珠状，很长时间都散不去。

和田玉一世清廉佩

和田玉铺首佩

此作品工艺细致，古韵十足。

和田玉的优劣鉴别

鉴定和田玉的优劣，主要有六个方面：形状、颜色、质地、绺裂、杂质、玉质分布。

形　状

根据玉料的一般规律来说，子玉的品质最高，山流水次之，山玉品质又低于山流水。当然，很多时候还要结合其他的因素来决定玉料的品质高低。玉石的形状可根据不同的审美要求，加工成不同的样式，无特殊标准。一般来说，

和田玉籽料秋韵插屏

此插屏外框及底座皆为名贵木种所制，屏座呈八字形。正面屏心前方椭圆形白玉质"秋韵图"，一丛菊花不惧严寒，在太湖石之上争相开放，两三只蝈蝈嬉戏其间，雕工精细唯美。另一面则书"粲粲黄金裙，亭亭白玉肤"，语出唐代诗人吴履垒之《菊花》。此插屏雕工精致，布局错落，做工考究，是插屏中上乘之作，如果放在书斋几案之上，可鉴诗意之美，亦得清赏之乐。

玉石的个头愈大愈好。玉料形状的鉴别主要是看外表的质地，如玉料凹洼处的质地和颜色，看其外表也可推敲出内部的构成。一般来说，外表与内部的质地和颜色相差不大。

颜　色

　　和田玉有白玉、黄玉、青玉、碧玉、墨玉之分，一般来说，在质地相同或相近的情况下，白玉为贵，黄玉次之，而青玉和青白玉等价值就要低些。不过

青花松荫高士图山子

此玉山由青花玉料分两面雕琢而成，一面为山石嶙峋，烟霞飘渺，老松繁茂，枝干虬劲，松针若轮，似临风而立，彰显松树"凌风知劲节，负雪见贞心"之高尚品质。六高士于林下或立或坐，或吹箫，或烹茶，或品茗清谈，神态各异，其仙境奇景，令人心生向往。另面亦为"松荫高士图"，一高士立于亭台之上，并有郁郁苍松，干虬劲，叶繁茂，其上有缭绕隐起的云霭。玉山布局错落有致，意境幽远清新，题材典雅，场景幽然，雕工雅拙有致，为玉雕山子之精品。

和田玉籽料屹立牌

此件作品原料为新疆和田玉中的优质原料，色白质细是其特点。作品一面设计为充满生机的雄鸡，屹立于山石之上，四周盛开清香四溢的牡丹花，场景布局疏朗有致，主线分明，刚柔相济，深浅互间，浮雕层次丰富，展现出令人惊叹的气韵与生命力。作品另面浮雕韦驮菩萨，刻画细腻，威风凛凛，英气逼人。作品通过透视、线条、层次等设计手段，在平面上产生立体空间，来表现作品内涵的力量，使观赏者获得视觉及触觉的满足。作品蕴含吉祥寓意，寄予人们平安健康富贵常乐，为刘忠荣大师亲手琢制。

颜色并不是决定和田玉价值的最重要因素，和田玉的优劣最主要的还是要看质地，但是羊脂白玉除外，颜色差一些就会对玉的价值造成较大的影响。不管怎么说，和田玉的颜色始终都是衡量和田玉优劣的标准之一，即便同是白玉，也要看白的程度和纯度，如果白中闪青或白中带灰，都会影响到玉的价值。

质　地

质地是鉴别和田玉优劣的最主要标准。和田玉质地细腻，上好的和田玉看上去很软，手感温润，但实际上却很坚硬。和田玉的业内人士都是从"坑、形、皮、性"等来判断玉料的质地。

其中的坑是指玉的产地。众所周知，和田玉来自新疆，但是因其具体的产地不同，玉的质量也是千差万别的，其外表特征也不一样。比如戚家坑的白玉色白而温润，而杨家坑产的玉外带栗皮，内色白而质润。

形是指玉的外形。因为和田玉的产状和类型不同，其外形也是不一样的。山流水料、戈壁滩料、籽料等受风吹、日晒、水浸，玉质较纯净，多是好玉。尤其是籽料中的羊脂籽玉，其润美女为其他玉种不可比。

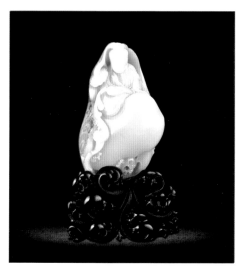

和田玉籽料净瓶观音摆件

此件作品天然籽料，洁白细腻，皮色红润。作品因材施艺，在玉质白细部分，设计了一尊净瓶观音。观音体态丰腴，神情安详，倚石而坐，净瓶中仙露洒向人间。背面的满皮，俏色为巨大的莲叶，简约唯美。王平大师设计制作的观音，线条简洁顺畅、柔美，体态丰腴肥美，颇具唐韵。山石荷花构图也采用线条勾勒，作品整体依照原石形状、颜色的变化而作，简约而柔美，凸显了设计者的功力。

红沁小料
玉质较粗，只能算是普品。

　　皮是指玉的外表特征。玉本无皮，外皮指玉的表面，它能反映出玉的内在质量。好质量的和田白玉应是皮如玉，即皮好内部玉质就好，皮不好里面也难有好玉。

　　性是指玉的内部结构。即组成玉的微小矿物晶体的颗粒大小、晶体形态的排列组合方式，表现为不同的性质，称为"性"。越是好玉越没有性的表现，玉性实际上是玉的缺点，好的子玉无性的表现。

和田玉香熏
此作品采用整料碾制而成，抛光极好，但见宝光莹莹。钮亦饰三活环，灵动秀雅。肩饰龙首衔活环双耳，威猛大气。钮盖及腹身减地阳琢祥龙纹，线条宛转有致。下承三足。香熏盖与身结合紧密，构思精巧，刀工细腻流畅，造型古朴，琢形规整，堪为"师古"而不"泥古"之作。此器是继宋、元、明三朝仿古之风后，在雍正、乾隆两帝"崇尚师古"和"返朴还淳"情趣的影响下，形成的具有商周、两汉之古韵的一种仿古之作。

陈性《玉记》中所说的"体如凝脂，精光内蕴，质厚温润，脉理坚密"就是好玉的特征。白玉像羊脂、像猪油，黄玉像鸡油，油油的、酥酥的。和田玉又和翡翠不同，翡翠要求鲜明光亮、光泽外射，和田玉讲究的是温润，它的光泽在内，而非体现在外。和田玉质地结构坚实细密，坚硬不吃刀。上等的和田玉外观细腻，反之，质地很粗，内里不蕴含一种精光，外表不细腻温润的，便是劣质玉。

璞玉

新疆和田玉籽料，完整无裂，外层有黄、黑和红色皮，也称为三色子玉，内部有玉质，电灯照非常通透。黑色皮处已经看到白玉质，这种子料是难得的上品。

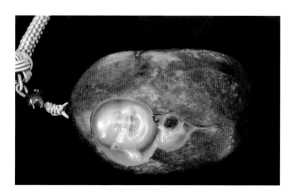

红皮手把件

长8厘米，宽5.5厘米，厚3厘米。

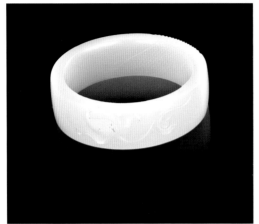

和田玉籽料手镯

美玉雅词

炫石为玉：炫指夸耀。拿玉吸引人，卖出的却是石头。比喻说的和做的不相符。汉·扬雄《法言·问道》："炫玉而贾石者，其狙诈乎？"宋·程颢《论王霸之辨》："苟以霸者之心而求王道之成，是炫石为玉也。"

青花籽料

有绺裂。

绺　裂

　　绺裂对和田玉的影响也非常大，有绺裂会影响玉的价值。玉的绺裂一般可分为死绺裂和活绺裂两大类，死绺裂是明显的绺裂，活绺裂是细小的绺裂。对于明显的绺裂如同对瑕疵一样，尽量去掉，死绺好去，活绺难除。一般以无裂绺为佳，稍有裂绺次之，裂绺较多则较差。

沁料

这块料子很脏，但是质地还算细腻，
对设计跟雕工要求很高。

杂　质

　　杂质常见为铁质和石墨。杂质多分布于裂纹处，呈褐色或褐黑色，肉眼可辨。石墨呈黑色，分布于墨玉中。和田玉上的杂质也会影响玉石的质量。人们普遍认为没有杂质为上品，稍有杂质次之，杂质较多则较差。

玉　质

　　我们经常会看见有的和田玉上有的地方质地好，有的地方质地差，这种现象就被称之为玉有阴阳面。玉的阴阳面实际上是玉在形成过程中围岩对它的影响。阳面是指玉质好的一端，也叫堵头、顶面。阴面是指玉质次的一端，属于接触围岩的部分，多有串石。阴阳面在山料和山流水中表现明显，子玉料则不太突出。

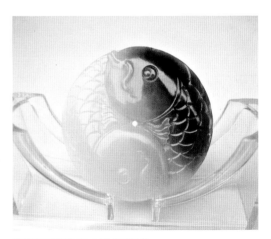

和田玉糖青白八卦阴阳鱼

厚 0.9 厘米，直径 5.1 厘米，重 36.3 克。

和田玉籽料福寿双全挂件

美玉雅词

朱干玉戚：干指盾，戚指斧。朱红的盾牌、玉饰的斧头。原为古时礼器，后也作为仪仗之用。出自《礼记·明堂位》："朱干玉戚，冕而舞《大武》。"

 玉和新玉的鉴别方法

　　现在市场上很多人用把新玉做旧，当成旧玉来卖，使广大买玉的人蒙受了经济上的损失。那到底怎样区分新旧玉器呢？下面我们就简单介绍几种方法：

　　1. 由于旧玉器流传的时间很长，其边角就会产生一些小腐蚀点，又因为人们长时间的把玩，这些腐蚀点经过人手上汗珠的浸染，就会变黄或变红，而且

宋朝青玉剑首

观瀑图青花玉山子

月满中天，白练高悬。茅亭素琴，一炉清香。作者以绝佳立意，将青花料中一条玉带俏色作白云朗月，瀑布轻烟，衬以浓黑山石与苍灰色月下长松茅亭，营造出一幅月下观瀑的清雅画卷。

手感自然、舒适。新玉有用工具做出边角的残痕，有锋利的尖角，触摸时会有明显的扎手之感。

2.旧玉器都是古代的工匠精雕细琢出来的，弧线流畅自然，外观细腻温润。但是新制作出来的玉器，线条过渡不均匀，外观甚至有崩裂的痕迹。

战国时期的玉虎符

江山美人摆件

鹰可击长空，亦可抚美人。和田花料体形硕大，下端以大面积黑皮盘作水势，惊涛巨浪，险峻逼人。雄鹰怒目，左翅托美人而出，右爪拒黑恶千里。水借风声而起，鹰凭凌空而威。美人长发四溢，身姿妖娆，依英雄之怀，惺惺而相吸。作者随形入作，把江山美人的传说演绎得生动传神。

3. 旧玉质地上乘，手感温润细腻，很多古代玉器都是以白玉为材料制作而成的。但是现在白玉价格昂贵，是难得的珍品，因此很多新玉都是用青白玉、边角料或其他地方玉，甚至有的用化学合成品代用，在市场上鱼目混珠，蒙骗消费者。值得一提的是，很多造伪者技艺高超，达到了以假乱真的效果，致使很多专家都无法对玉器的年代作出准确判断。

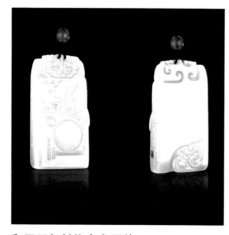

和田玉籽料仿古龙凤牌

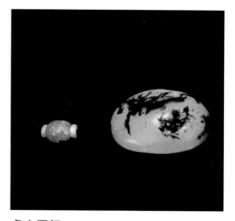

虎皮原籽

长 4.5 厘米，宽 3.5 厘米，厚 1.8 厘米。

和田玉

第七章

和田玉的收藏与养护

人们常说"乱世藏金，盛世藏玉"，和田玉高贵、神秘、美丽，人见人爱。人们对它的崇敬、喜爱已有几千年的历史，它已成为中华文化之魂，是中华民族极其宝贵的物质和精神财富。

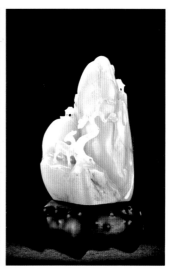

购买和收藏和田玉的意义

　　随着社会的不断发展，人们的生活水平得到了很大的提高，对精神文化层次的需求越来越强烈。人们常说"乱世藏金，盛世藏玉"，和田玉高贵、神秘、美丽，人见人爱。人们对它的崇敬、喜爱已有几千年的历史，它已成为中华文化之魂，是中华民族极其宝贵的物质和精神财富。玉石的收藏已经成为了一股社会潮流，成为当下国人最热衷追求的内容之一。玉石的价格一路攀升，获得

和田玉籽料采菊东篱下

此作品白玉质，温润细腻，油性极佳，最妙处为此物皮色黄艳唯美，正反两面均满布黄皮，为俏色巧雕提供了绝佳的创作空间，尤为难得。一面雕"秋菊图"，一丛秋菊怒放于竹篱旁，圆花簇嫩黄，散发出阵阵幽香，一两只蝴蝶缠绵于花丛之上。另面随料形作崇山峻岭之势，但见远山蔼蔼，林木葱葱，溪水潺潺，并有竹篱、茅屋掩映其中，犹有"采菊东篱下，悠然见南山"之闲情逸致。此把件即为当代玉雕中俏色巧雕的绝妙之作，创作者将天然的黄皮俏雕为秋菊、蝴蝶等，生动形象，展示了当代玉雕创作在继承传统基础之上的创新水平。而且构图华而不奢，繁而不乱，造型洗练，做工优良，琢工精美，自有雍容华贵之风。

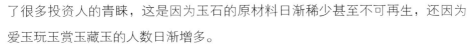

了很多投资人的青睐，这是因为玉石的原材料日渐稀少甚至不可再生，还因为爱玉玩玉赏玉藏玉的人数日渐增多。

和田玉作为玉石之王，并不像金条、股票和基金那样，只有纯粹的经济价值，不像陶瓷需要精心呵护，也不像书画那样容易受潮发霉腐烂。和田玉器有着得天独厚的文化内涵和保健功能，是难得的艺术珍品。而且很多和田玉器都小巧玲珑，既便于收藏，又可以把玩，其工艺价值、人文价值和审美价值更是非同凡响，不能以金钱来衡量。因为每件和田玉器的材质和雕琢风格不同，使得每件和田玉作品的造型都非常独特，纹饰更是形态万千，独一无二。尤其是一些上等的玉料再加上精致的雕工就更是难得的珍品，引得无数投资者关注，其价值也必然会随着时间的推移而难以估量，所以该出手时就出手是不错的选择。此外，陶瓷和书画等艺术品的做假程度比玉石的要多，而且其仿冒品几乎都可以乱真，很难辨识。相对而言，玉石的真假优劣还是比较容易辨识的。和田玉的质地坚韧密实，硬度很高，要是不故意损坏的话，就不会轻易被毁坏，也不会像陶瓷、字画那样要细心保管，很容易受到损坏。和田玉的保养比起其他的收藏品简单得多。

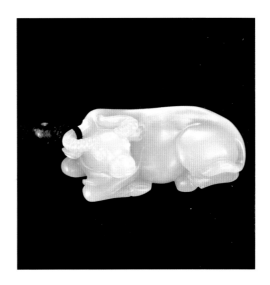

和田玉籽料福牛把件

此作由和田籽料圆雕而成，玉质细润。一牛俯卧于地，仰首回望，面部表情和善温顺，给人以安定沉稳之感。牛角粗壮，并向脑后弯曲。牛身则以光洁弧面来表现牛的脊骨，传神达意。从后面望去，整体呈流光线条，两侧的肌肉线条有所变化。此牛造型丰满，线条流畅，置于文房案头，为一小景，亦可把玩于手，取悦于心，陶冶情操。作品没有一丝的火气，散发出一种温润厚实的雅韵。

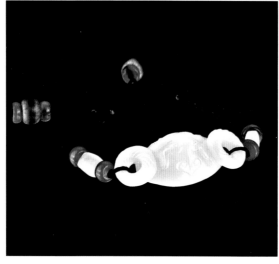

和田玉籽料辟邪手牌

该玉牌由和田白玉雕琢而成，浮雕辟邪手牌，扭纹双环，编上秀气玉绳，戴在手上，心里也喜不自胜。

美玉雅词

珠槃玉敦：珠槃指用珍珠装饰的盘子；玉敦指玉制的盛器。特指古代天子、诸侯歃血为盟时所用的礼器。出自《周礼·天官·玉府》："若合诸侯，则共珠槃玉敦。"

购 买收藏和田玉六要素

　　第一，看玉质，即质地是根本的原则。中国古代在玉质和沁色上也有这种观点，就是说玉质是根本。"皮之不存，毛之焉附？"现在好多浆皮子料子颜色倒是很漂亮，我们能推崇这种料子吗？因此买玉重玉质才是根本，不要舍本求末。

和田玉籽料俏色摆件

地上有一口井，老翁和孩童挑担提桶而来，也许是累了，孩童趴在木桶之上，美美入睡，老翁与乡亲们一一作揖，趁此间隙，一只顽皮的猴子跳上扁担，另一只则钻入老翁宽松的衣服里，可爱至极。作品将红、白、黑三种颜色巧妙利用，给整个作品带来浓厚的生活气息，趣味十足。

和田玉跟大多数玉石一样属于矿物集合体，其质地的细腻与否对其品质影响很大。多数玉石的组成晶粒结构紧密，晶粒的形状和结合方式对质地也有很大影响。玉石晶粒通常为粒状、片状、针状、块状或纤维状，品粒相互之间或有序排列，或无序排列，形式多样。这些晶粒既可以是同种矿物晶粒，又可以

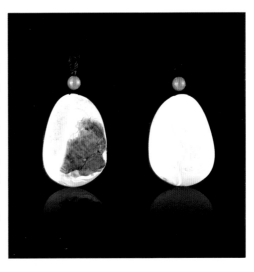

和田玉籽料"桂鱼"

和田玉籽料，玉质细腻润美，皮色尤佳，淡淡的洒金皮与浓艳的"虎皮"相映成趣。作者将红艳并略呈黑色状分布的皮色俏雕为三条桂鱼，桂鱼身体侧扁，背部隆起，尾巴作游动之势，其态生动形象。另面则以浅浮雕手法琢"荷塘情趣图"，一场夏雨之后将莲蓬花瓣打落湖面，莲蓬之上的点点夏雨滴入湖面，泛起圈圈涟漪，并有一两尾小鱼嬉戏其间，意境优美，宛若"西塞山前白鹭飞，桃花流水鳜鱼肥"之画境。寓意亦佳美，取其"桂鱼"之"贵"谐音，具"富贵有余"之吉祥意，而黄艳的皮色亦增富贵大气之感。

是不同种矿物品粒，情况复杂，形成了质地的不同特征。好的和田白玉质地一般晶粒间隙小、粒度匀，透光性一致，显微镜下裂隙小，看上去油润细腻，密实坚韧，滋润光洁。但是因为上好的和田白玉极其稀少，已经被很多收藏家收藏起来，轻易不拿出来示人。

第二，看颜色，颜色也是收藏家考虑收藏的重要因素之一。和田玉颜色很丰富，有羊脂白、白、青白、青、绿、墨、黄、糖等颜色，往往是颜色越白其价值越高。羊脂玉价值最高，但同样是羊脂玉，因质地细润程度和透明度的不同，其同样的工艺品价格相差也很悬殊。羊脂白玉中，以带皮色的籽料最具收藏价值。除带皮和田籽料外，和田山料及俄罗斯山料中糖色玉也备受业内人士喜爱。由此，在白玉收藏中，白色、俏色、皮色这"三色"应作为优先把握玉料的原则。另外看是否有绺、裂、杂质。关于和田玉的分类和与其他相似的玉石的区别，前面已作了专门叙述，这里不再赘述。

第三，看工艺，工艺是收藏家决定收藏的很重要的因素。每一块和田玉的玉料都有其独特的特征跟个性，琢玉大师如果善于把握玉料特性，就能全面展现玉料的工艺价值。"玉不琢，不成器"，雕工是工艺品的"灵魂"，有人说雕工的好坏是决定玉件价值的关键。在确定一件玉器作为收藏目标时，除考虑玉石材质的稀有性，更要考虑适合玉料工艺方法的最佳性，从玉材质地、颜色、

坐看云起时青花玉山子

此件作品可以算作是俏色雕中的大写意。整块玉料黑白夹杂，背面带金皮，作者依青花走势，或精雕细琢，或不着一刀，或借皮，或俏色，如大千泼彩，天机独到，仅以关键之处寥寥数笔，便成一幅晚霞红树、风起云飞的山水画卷，山川浑厚，草木华滋，高士凭松斜坐，看天外白云，凌风舒卷，一点浩然气，千里快哉风。

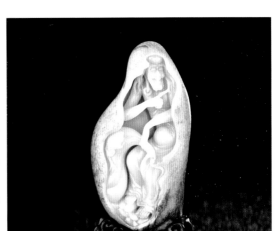

和田玉籽料妙趣摆件

此摆件由和田玉独籽破皮巧雕而成，正面破皮镂空雕琢布袋罗汉，但见罗汉呈侧坐状，一手持乾坤宝袋，金蟾附着其上，一手斜指上方，似有所语。罗汉长眉及肩，骨肌凸显，其状欢喜，其乐陶陶，妙趣横生。另面不事雕琢，完美地展现出皮色的艳丽，仅以行书琢"妙趣"二字点题。此作随形施艺，线条流畅，充满韵律感，是吴德升大师"罗汉"玉雕题材中的上品。大小适中，既可置于文房书案之上雅赏，亦可把玩于手怡情悦心，可赏可玩，一物两用，岂不妙哉！

大小、题材、工艺合理等多方综合考量。那些浸透着艺术智慧与创意，显示着娴熟精工的功力之作，肯定会有较高的收藏投资价值。除此之外，还要看玉器是否有严重的瑕疵和绺裂，对艺术品的主题有无影响。对这些严重的玉料缺陷，大师们雕琢时一定会有所掩饰（挖脏去绺），处理得是干净利落，还是"拖泥带水"，对这件工艺品的身价有很大影响。

第四，看琢玉师，就是要寻求名师的佳作。一般收藏字画的时候都是寻求艺术大家的杰作，而和田玉的收藏也不例外。通常来说，玉雕的工艺大师具有深厚的艺术造诣，创作经验丰富，雕琢技巧高超，艺术风格别具一格。相同的玉料跟题材，包括工艺标准都一样，但是琢玉师不一样的话，其作品的风格必然也会不同，技术水平也是参差不齐的。因为琢玉师的喜好不同，生活背景千差万别，擅长的琢玉技巧不同，其创作出的作品当然也会呈现出强烈的个人色彩。有名的琢玉大师的作品都是纯手工制作，一年之中能够完成的作品非常少，自然其升值空间更是不可估量的。现在和田玉的原材料日渐稀少，出自大师之

和田玉籽料国色天香把件

白玉质地，细腻洁净。正面利用原料的金黄皮色俏色雕琢盛开的牡丹花，雍容华贵、富丽端庄。背面雕琢为篱笆墙，线条流畅，刻画生动。"春来谁作韶华主，总领群芳是牡丹。"取其意国色天香，寓意吉祥。

手的作品价格必然会呈倍数增长，因此收藏和田玉作品的时候，对琢玉的工艺大师应该格外留意，其升值的空间不可限量。

第四，看寓意，就是看你所要购买的作品所体现出的人文价值或者说是思

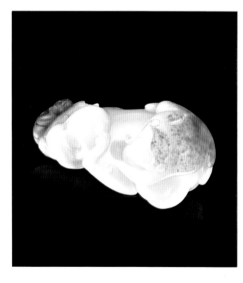

和田玉辈辈封侯把件

白玉籽料，温润细腻，黄艳的皮色更衬托出了玉质的洁白。立体圆雕的三只猴子造型生动，线形丰富，独具匠心。作品形制圆润，俏色处理的三只猴子神态各异，惟妙惟肖，三只猴子体态上分为大中小，取其辈辈封侯的吉祥寓意。整件作品盈盈于握，可鉴，可赏，可玩，可藏。

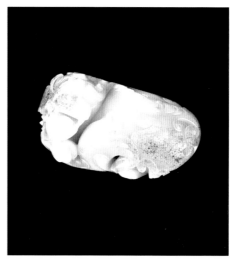

和田玉籽料瑞兽把件

此瑞兽由和田玉籽料雕琢而成，皮色金黄绚烂，且三面满皮。用料颇足，手感厚实大气。作者充分利用皮色，立体圆雕神态威猛的瑞兽，瑞兽回首，其态威严，刚劲有力，古意盎然，盈盈于握，手感甚佳。

想价值。要知道一件玉雕品不是一件普通的商品，而是有着深邃的文化内涵和寓意，有着浓厚的文化品位。一般玉器都会表现民间大众祈福纳祥、趋吉求安和攘灾避祸、驱邪除祟的良好愿望，这种思想价值也迎合了世人求吉、纳财、祈福、佑祥的心理。

在选购玉器的时候，最好选择能体现师承传统又与时俱进，同时代潮流共进的作品。师承传统，就是继承和借鉴古代的吉祥图案，这些图案千百年来一直得到民众的认可。而与时俱进，就是继承发展、推陈出新。用新概念、新思想、新形象、新技法，体现不断发展的审美观念与流行意识，唯其如此，这种结合了玉种、工艺和人文内涵的作品方可成为有市场需求、有收藏价值、有艺术生命力的艺术品，这也就是和田玉高出其他艺术门类收藏价值的原因所在。而粗俗的、低级趣味的、素质低下的"艺术"，粗制滥造的工艺，不仅是对玉的不敬与糟蹋，也是对和田玉作为思想、文化、人文精神载体的侵害与犯罪。这种破坏资源价值，缺乏艺术价值，亵渎思想价值的产品，必将缺少收藏价值，也绝不值得人们收藏投资。

当然购玉者的目的也各不相同，有的是为了投资升值，有的是珍藏，有的

和田玉路路通小摆件

此件作品取材和田玉籽料，玉质细腻，油性极佳，手感温润，略带皮色。采用"砍山子"的雕琢技法，雕琢山形险峻，古松山石间，远处亭台依稀可见，近处灵鹿神态动感，身形逼真。作品构图层次分明，立体感强，山石、鹿以及景致，比例协调，线条优美流畅，寓意路路通达，为案头文玩小件。

是馈赠亲友，有的是自己佩戴、摆放。根据不同的目的去选择不同寓意的玉是很有必要的。一件珍贵的和田玉作品，跟购买者之间是讲究缘分的。如果你一看，就爱不释手，那你就买下，如果犹豫不决，那就暂时放下，再考虑斟酌一下，不要花钱买个心里不痛快。

第五，看新玉和古玉。中国自古就是一个崇尚古文化的国度，也有收藏古玉的传统。古玉承载着整个中华文明史，不仅有丰富的历史内涵，而且每个时

晋青玉雕卧羊

玉象钮玺印

代都有其独特的烙印，具有很高的历史价值和文物价值，多少年来一直受到人们的喜爱和追捧。出于好古、崇古的原因，宋徽宗在位时不仅掀起了复古的风潮，更使仿古之风滥觞。清乾隆帝比起宋徽宗有过之而无不及，将好古之风推向了高潮。经过数千年的文化沉淀，虽然给后世留下了不可胜数的和田玉器，但古代和田玉器存世量毕竟有限，多数已被众多的博物馆和成千上万的古玉收藏者纳入囊中。古玉有着不可再生性，而藏家们对古玉青睐有加，导致其价格节节攀升。

古和田玉器越来越少，而和田玉原材料因其独特的稀有性，人们逐渐摒弃了厚古薄今的观念，将收藏的目光逐渐转向了新玉上。无论是古玉还是新玉，其独特的魅力都能令人为之倾倒，再加上大量新的琢玉工具和新的琢玉技艺的运用，以及当代琢玉大师的不懈努力，当代和田玉器的精美程度有的地方和古代和田玉器相比毫不逊色。现在的玉器店中的作品大多都是现代雕琢的玉石工艺品，仿古件不算多。不管是创新的作品还是仿古作品，只要其玉质佳，艺术品位高，寓意新颖都值得购买，既不要陷入创新泥潭，也不要全盘否定仿古，根据自己的欣赏力和喜好而定。

和田玉仕女摆件

该仕女发髻高耸，发丝清晰可辨，面庞丰润恬美，肩披华裳璎珞，手执如意。身体略呈"S"状，犹若亦步亦趋，体态婀娜，颇具动感。衣襟线条的处理亦颇具功力，流畅俊逸处均可见此作非庸匠所能为也。此料虽略有白鰲，仍不掩大玉温润之美，且雕工精美，为当代玉雕之传统佳作。

第六，购买和田玉器需要注意的几件"小事"：玉石玉器收藏是我国玉文化的延续发展，事实证明，长线收藏比短线收藏效益更好，因为玉石玉器的历史、文化、人文价值是无法估量的。从资源收藏的角度分析，和田白玉的收藏价值更具潜力。收藏投资和田玉还要注意多学多看多接触，避免走入误区。在选择上应注意，不可只注重产地，不辨析玉料。新疆虽然是和田玉的产地，但在当地所买未必都是和田玉，要慎重选择。不要只看重皮色，不重视玉质。市场中假皮色、浅雕琢的玉器，极具欺骗性。要注意识别机制还是手工，不可只认规矩工整而有所忽略。还应避免只仰慕名气，不辨识工艺。

艺术是每件玉器所追求的最高境界，也是最难做到的。凡气韵生动，形神兼备的都是艺术美的表现，有着极高的收藏价值；而貌似珍品，一味仿古也不能称之为艺术美的作品，鉴赏价值要逊色很多。有意收藏和田玉者，还是应该

韦陀天白玉牌

韦陀菩萨，又称韦陀天，居四天王三十二将之首，受佛委托，周行东西南三洲，护持佛法与众生。传说中，释迦佛入时，邪魔把佛的遗骨抢走，幸亏一名曰韦陀的力士，及时追赶奋力夺回。因此佛教便把韦陀作为驱除邪魔，保护佛法的天神。从宋代开始，中国寺庙中供奉韦陀，称为韦陀菩萨，常站在弥勒像背后，面向大雄宝殿，护持佛法。此玉牌玉质莹洁，润若鲜荔，黑皮凝厚，实为难得。作者在黑皮之上匠心经营，恭琢韦陀护法神像，韦陀天头戴凤翅兜鍪盔，足穿乌云皂履，身披黄锁子甲，飘带于肩后飞扬，手持金刚宝杵，充满力量、威武雄健。意念在黑白之间奔走，刀刀之间尽显峻宕之气，作品圆满地刻画了韦陀菩萨的坚毅威武和慈悲谦恭，在端庄凝重中透出一种律动之感，颇具明代同题材造像风格。

下些功夫，做些功课，打些基础，还应熟悉各地工艺的特点，方能在藏品收集中得心应手，少走弯路，少交"学费"，少受些损失。和田玉器的鉴定是一门非常专业、非常严谨的学问，青睐和田玉的收藏家们要注意学习和借鉴前人的经验，并虚心向当代的鉴定专家学习，熟知中国历代玉器的材质、造型、纹饰、工艺等特征，切忌盲从商家们的忽悠。

和田玉籽料薄胎壶

选材白玉，质地温润，结构细腻，颜色均一，纯净无杂点。壶身雕琢对称蕉叶纹，极具西域风格，线条宛转有致，流畅自然。器型规整古朴，壶体随小，却治艺精湛，比例匀称，小巧典雅，是不可多得之收藏佳品。

和田玉籽料天龙地虎挂件

此挂件最迷人处，莫过于这厚重浓艳的皮色，作者巧妙破皮去色，利用浮雕技法雕琢"天龙地虎"这一传统纹饰，古韵十足。

美玉雅词

蝇粪点玉：点指斑点，引申为污辱、玷污。苍蝇粪玷污了美玉。比喻坏人诬陷好人。出自唐·陈子昂《宴胡楚真禁所》诗："青蝇一相点，白璧遂成冤。"宋·陆佃《埤雅》："青蝇粪尤能败物，虽玉犹不免，所谓蝇粪点玉是也。"

漫谈和田玉市场

　　纵观和田玉市场前景，十分乐观，具有很大的增值空间。但不得不提醒收藏爱好者，任何投资都不能百分百规避风险。现在收藏和田玉的人不断增多，但是随着和田玉市场的繁荣，出现了很多鱼目混珠的现象。希望更多的收藏者可以本着爱好为主、赚钱为辅的价值观去收藏玉器。如果以赚钱为主，投资者就应该加深对和田玉的研究和认识，提高自身鉴别水平，不要轻易下手，而且也要做好承担风险的心理准备。

多种多样的和田玉

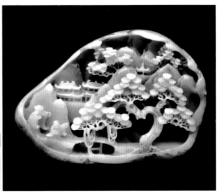

和田玉籽料山子

玉雕山子是玉雕形制的一个重要种类，运用浮雕、半圆雕、镂雕等手法在玉料上施以山水花木、亭台楼阁、人物鸟兽，将中国山水画之精髓融入其中，写意与写实相结合，注重气韵与意境。此件山子则由独个和田玉籽料雕琢而成，玉肉润泽，皮色淡黄。作者以繁复的刀法，综合运用了镂空雕、立体雕等雕刻技法，琢山石、劲松、亭台、人物，雕工精致，庸匠难以望其项背。整件作品场景丰富，细节清晰可见，为玉雕山子之佳作，且体量较大，在和田玉籽料日益稀缺的情况下，此件作品具有较大的升值投资空间。

古代和田玉器因其深厚的文化沉淀和独特的历史内涵而受到人们的关注，近千年来一直是仿制和造假的对象，现在市场上的很多古玉的仿制品都达到了以假乱真的程度。通常情况下，古玉的仿制品都是用一般的玉料制成的，但是近年来，出现了一些用高档玉料仿制的古玉。甚至连刀工都模仿得惟妙惟肖，很多有经验的收藏家也会将这些高仿作品当成古代的和田玉器来收藏。高档的和田玉料密度高，油性好，经过人工刻意盘玩，容易出现包浆，再精心做过沁色，专家可能都无法鉴定出来。

现在有些规模较小的拍卖会上，会出现一些新的和田玉器假冒古代和

和田玉青玉籽料随形琴鹤山音摆件
长 7 厘米，宽 9 厘米。

田玉器的情况，但是玉器的质料好，做工精细，拍卖的价格也算合适，介于古代玉器和现代玉器之间。当然市场上还有很多由低档玉料制作成的产品冒充和田玉器，这些劣质低级的和田玉仿冒品价格很低，通常不过几十元到几百元，但是其产量很大，容易给和田玉爱好者造成误导。

　　和田玉现在已经成了投资的新宠，但是古玉真品难觅，而在明清玉器的价格不断上扬的形势下，收藏现代和田玉无疑成为投资保值的明智选择。明清时期的玉器经过人们多年的追捧，价格不菲。而现代和田玉器的价格仅为明清时代玉器价格的十分之一，投资者正好可以低价入市。相对而言，新玉市场的火爆程度要远远大于古玉市场。但是和田新玉市场也有很多陷阱，商家用青海料、俄罗斯料、独山玉、石英岩类玉石、方解石类玉石和玻璃等假冒和田玉的情况屡见不鲜。而且和田玉自身的品质不一样也会造成价格的差异。一般来说，收藏新玉的话，主要看玉料的质地和雕工的优劣，如今的新玉市场有诸多陷阱，涉足此领域一定要小心谨慎。辨析玉料，若没有专业知识以及常年玩赏和田玉积累的经验，的确有些困难。所谓千种玛瑙万种玉，玉石的种类之多令人难以分辨。

和田玉籽料手镯

《考工记》曾载："天有时，地有气，材有美，工有巧。"其中材美工巧一直成为古人乃至今人治玉的原则。此件作品和田玉料质地细腻，光泽柔和而不炫丽，通体呈现出一种含蓄温润的美感。大师利用浮雕技法，勾勒出凤首、兽面、鼓丁纹玉璧，转曲流畅，在玉镯上形成"实"与"虚"的结合，干净利落，光洁素雅，将饰品演绎出一种别具一格的韵味。作品将女性的温婉与柔美，典雅与知性完整地表现出来，既有古典文化的雅致之趣，又有现代的时尚气息，可谓佳品。

和田玉籽料碧涧寒山牌

此牌由和田玉籽料雕就，玉质润泽细腻，牌
首处略带皮色。牌型为方形，用料颇足，大
气厚重。牌子一面以浮雕技法雕琢天台山月
夜山水，但见祥云、远山、亭台、小桥、碧涧、
茂树错落并置，别有韵味。另面开光处浮雕
唐代诗人寒山子之禅诗一首，点明主题。寒
山子的这首诗，以碧涧、泉水之清激喻禅定，
以寒山、月华之洁白，喻以般若慧智观色悟
空，强调由定发慧，由慧入定的"空慧具足"
的修持功夫，使般若慧智与禅法结合起来，
做到定慧双修，功德圆满。

　　和田白玉在新玉市场上价格很高，许多人认为白玉越白价格越高。需要注
意的是，和田白玉的价值除了色度之外，还必须综合考察其润性、硬度、韧度等。
同为和田子玉，在色度相差不远的前提下，其余几项就显得尤为重要。玉器加
工完成后，价值的高低还取决于琢制工艺和有无绺裂等瑕疵。

　　玩新玉，工艺很重要。不同地方的雕工，价格也不一样，传统雕琢工艺有
北京工、苏州工、扬州工，现在则又有上海工、湖州工、徐州工等讲究。不同
地方的雕工，其价格也不一样，人们普遍认同传统的苏州工、北京工、扬州工，
加工价格自然高。例如，上海雕工由于加工能力不太高，但工艺较稳定和加工
渠道较正规等原因，其工价较高；扬州的加工量没有苏州大，市场也没有苏州
活跃，虽然也有外地匠人前来发展，可传统的扬州师傅仍是主流。苏州、扬州
是我国传统玉雕技术精髓的聚集地，赫赫有名的陆子冈、郭志通、姚宗红等均
出身于苏州专诸巷玉工世家。专诸巷玉器，玉质晶莹剔透，细腻润泽，平面镂
刻是专诸玉作的一大特点，其薄胎玉器，技艺更胜一筹。苏州的玉雕以小巧玲
珑取胜，而扬州的玉雕则以大玉器见长。扬州玉山子的艺术特色明显，琢玉师

擅长将绘画艺术与玉雕技法融会贯通，注意形象的准确刻画和内容情节的描述，讲究构图透视效果。

收藏者在购买和田玉器时，一定要请个行家帮助分析，因为近几年许多人见贩玉有利可图，就用劣质玉冒充和田玉来牟取暴利，有的商贩用俄罗斯玉、河南玉冒充，甚至有人用卡瓦石、东陵石冒充和田玉。一些骗子的手法繁多，有的把捡来的石头放在废弃的变压器机油中浸泡一天，浸了这种油的石头手感和真正的玉石差不多，甚至连一些专家都受到蒙骗，但刨开一看竟然是不值一文的石头。

在和田玉的市场上，还存在着新玉比老玉价格高、重皮不重玉、玉器论白论克卖等怪现象，需要喜欢收藏玉器的人加以注意。

和田新玉比老玉价格高。一些中低档老件，如小帽花、带钩、扁方等一般只卖几十至几百元钱一件，而仿做的这些东西价格反而比老件贵，因为做工的价钱就很高。当然，中高档老件的价格还是要高出一些的，前提是能在市场上买老玉要拿得到行内价，也就是所谓的内部价，不能被"斩"。其实，人们可以利用这样的机会，多收购一些过去的白玉老件，将来一定会涨价的。

春秋时期的鸡古白玉饕餮纹玉珮
长 7.8 厘米，宽 7.1 厘米。

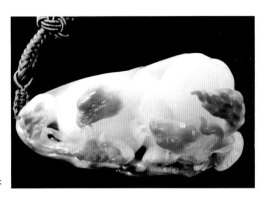

新疆和田玉籽料安居乐业手把件

在不能明辨和田玉料时，只好凭借皮子来判断是否为子玉，最终盲目地沉迷于皮子，反而忽视了玉质本身。有人偏爱满皮或大红皮的玉料，这样的皮子如果是没毛病的好玉种，价格是奇高的，但这样的皮子即使全是真皮，如果没有好的玉种，也是没意义的。这种怪现象直接掀起了造假皮的风气，其实一些所谓的皮张是用山玉滚成子玉模样，再烤色变成的。因此，在收购和田玉器时，要注意这些虚假行为。

美玉雅词

粉妆玉琢：物品是用白粉装饰的，白玉雕成的。形容女子妆饰得漂亮或小孩长得白净，也用来形容雪景。清·曹雪芹《红楼梦》第一回："士隐见女儿越发生得粉妆玉琢，乖觉可喜，便伸手接来，抱在怀中，斗他玩耍一回。"

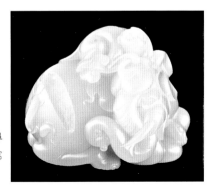

和田玉籽料太平有象摆件
此作品由和田玉籽料雕制，大象为俯卧状，回首状，长鼻微卷，神态悠然。点点的洒金皮布满全身，美不胜收，寓意吉祥。

和田玉的保养

　　"三年人养玉，十年玉养人"。这是一句爱玉之人常说的话，一个"养"字，前者是"保养维护"之义，后者为"使身心得到滋补或滋养"之义。既道出了玉为通灵之物，也告诉了我们很多知识与道理。和田玉是有灵性的，收藏和赏玩和田玉的人都会精心"养护"自己的美玉。赏玩和田玉有许多禁忌，需要留心，以免伤了美玉。世界上任何事物都有它的两面性，和田玉工艺品是收藏家的首选，固然有它易保存的最大优点，但在保存中也要注意以下问题：

　　1. 和田玉避免与硬物撞击。玉石硬度虽然很高，但仍需注意不要与硬物放置、接触，以避免受到碰撞，若受激烈的碰撞会破裂，有些裂纹很隐蔽，当时不一定能看出，可是已经有了暗伤。另外一点就是有些工艺的细微之处撞击后容易损伤，这样不仅损害了玉石、玉器的完美，也降低了它的经济价值。

和田青玉籽料荷花笔洗

笔洗是文房四宝笔、墨、纸、砚之外的一种文房用具，是用来盛水洗笔的器皿，以形制乖巧、种类繁多、雅致精美而广受青睐，传世的笔洗中，有很多是艺术珍品。

2. 和田玉要避开灰尘，注意保持洁净光鲜，不要灰尘满身，失去和田玉的应有光彩。有了灰尘应当用毛刷蘸上清水仔细刷掉，再用洁净软布擦干，使和田玉工艺品真正显示出"冰清玉洁"的本质。注意不可使用任何化学除垢剂、去污剂。

3. 尽量不要长期与香水等化学试剂接触，长期接触容易受到腐蚀，往往失去和田玉应有的光泽，变得浑浊，降低了观赏性。此外，包括不少爱玉玩玉者在内的人误以为和田玉越多接触人体越好，实则是个误解。和田羊脂白玉和其他白玉若过多接触汗液，汗液中的盐分、脂肪酸、尿素等会慢慢改变洁白的玉表层，容易使玉件变为淡黄色，不再洁白如脂。因此，白玉佩件在佩戴中应经常注意用干净柔软的白布擦拭干净。一些玩家把玩、盘磨玉件时，不可用玉件抹拭面部汗渍，这是玩家中常见而又忽视的现象。

4. 和田玉工艺品应该安放妥当，珍藏的和田玉工艺品，不能长期在烈日下暴晒，也不能长期

战国谷纹出廓龙璧

和田玉籽料观音插屏

插屏由和田玉籽料雕琢而成，玉质洁白细腻。作品下部构图上突破传统风格，在处理上大面积留白，大胆写意，挥洒自如，意境开阔，同时又不失写意与写实风格。雕刻上继承传统写实手法，凸显玉质之美与工艺之美。此插牌的表现手法主要还是运用传统的深、浅浮雕琢技法，通过深浅浮雕来表现丰富的层次，并配以简约的线条、圆润优美的弧线，从而体现了题材传统、技法老成、工艺精湛、秀美典雅、适度夸张、面线为主的"新古典主义"艺术风格。

和田玉墨玉籽《冬》

此作品皮色巧雕，对于红皮的去留果敢利落，该留的留，该去的去，不会有拖泥带水的感觉。冬景中梅花枝干苍劲有力，含苞独立，线条坚挺流畅，虽为玉石雕刻，却有力透纸背的感觉。

三星论道

该作品依料形而琢，恰似于山间峰回路转处，给三位仙人一清净幽雅之所听泉论道。此间有古松参天、清泉湍流，另有幽幽鹿鸣、食野之苹，于香烟缭绕之间，三位仙人或问、或答、或听，童子持琴肃立，好一派超凡脱俗之境。泉、鹿、松不仅生动地营造出了场景，也寓意着"福、禄、寿"。

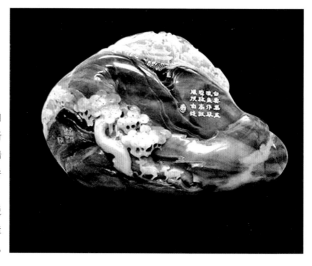

在炽热的灯光下烘烤，受热过度，原有致密的结构会变得粗糙一些，隐蔽的缺陷会暴露出来，造成不必要的损伤。

5. 和田玉工艺品长期保持鲜活，空气中的湿度应当适中，太干燥也会使水灵灵的和田玉工艺品失去水的滋润而变得干燥。

6. 和田玉忌与腥、臭、污秽物的长期接触，如不注意油脂等会堵住玉石内部的空隙，失去温润晶莹的本色，变得暗淡无光。此外，在和田玉的保养方面还有"三忌""四畏"的说法。总之，不论是赏玉还是玩玉都要修身养性，平心静气，在玩赏美玉之时品味玉之内涵，达到"人养玉，玉养人"的境界。

美玉雅词

戛玉敲金：形容声调有节奏而响亮好听。出自清·蒲松龄《聊斋志异·八大王》："雅谑则飞花粲齿，高吟则戛玉敲金。"

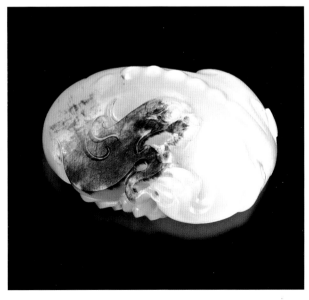

和田玉籽料瑞兽挂件
此挂件为和田玉籽料雕就，将黑皮俏色雕琢为辟邪兽的头部，威猛有加，独具创意。

和田玉器的"三忌"与"四畏"

关于这方面的知识，长期玩玉的人们早就总结出他们的心得体会。刘大同在《古玉辨》中说，三忌，是指古玉忌油、忌腥、忌污浊。四畏，是指古玉畏火、畏冰、畏姜水、畏惊跌。"三忌"与"四畏"的字里行间里蕴藏着严谨的科学道理，喜欢收藏玉器的藏家可以以此做参考，更好地养护自己的美玉。

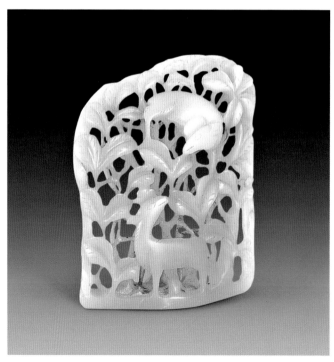

元朝青白玉秋山子摆件

古玉忌油

所谓忌油，是指古玉应避免接触油脂。这是因为油脂会封堵玉器的微细孔隙，使玉质中的灰土不能退出来，玉器自然不会莹润净洁。有业内人士认为，将古玉抹上一些花生油或用人体油脂，比如鼻子、面额、头发上的油脂，可使古玉显得油亮、温润，实则是一大忌讳。如果将油涂抹在和田玉工艺品上，就掩盖了它原有的自然油脂蜡状光泽，也失去了它温润晶莹自然之美。古玉一旦沾了油腻，可以用两个办法解决：一是用滚水煮一会儿，便可退油；二是将玉件放入痱子粉或面粉中，帮助吸除油脂，使玉石渐渐呈现出光泽。此外，绝大多数玉器包括古玉，常常都经过浸蜡处理。商家之所以要浸蜡，只是为了"卖相"好。所以买回家的古玉，第一件事便是将其放入滚水中煮一下，使蜡溶出来，而后再佩戴。

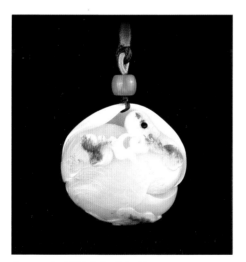

和田玉籽料平安如意把件

和田籽料，温润细腻，皮色金黄。背部原皮手感极佳。一面破皮巧雕琢鹌鹑啄雕灵芝如意，生动有趣，黑皮部分巧作鹌鹑眼睛，实为设计精巧，为点睛之笔。另面寥寥数刀雕琢勾云纹及羽翼，精细流畅，且保留了玉石的原皮，彰显玉质之美。取其谐音，具"平安如意"之吉祥意。

糖皮佛

长 11 厘米，宽 4.5 厘米，厚 2 厘米。

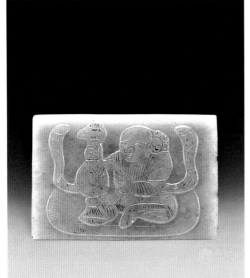

唐朝青玉雕执壶仕女纹带板

和田玉籽料仿古把件

此把件由独粒和田玉光白籽雕琢而成，仅以阴刻手法破皮巧雕为仿古纹饰，从而最大限度地保留了原料的天然形状与圆润质感。

古玉忌腥

玉器与腥物接触，在使玉器含有腥味的同时更会伤到玉质。因为腥液中含有一定的卤盐，对玉质有腐蚀作用，而导致玉质受损。海滨出土的玉器没有一件是完美的，就是被腥气或腥液所伤。用科学的道理来解释，就是腥气或腥液中所含的化学成分有一定的腐蚀性，会导致玉质受损。

古玉忌污秽

这与忌油的道理相似，就是污秽会封堵玉器的微细孔隙，而使玉质中的灰土不能退出，甚至反受其污，失去了原有的光泽，久而久之污秽之尘黏附玉上，本来表面光鲜可人的和田玉呈现出的是灰暗的玉体。因此，藏家在玩玉前需要把双手洗净。

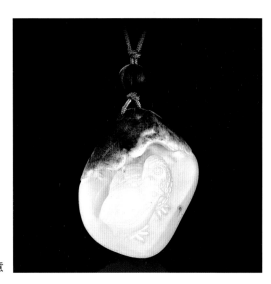

和田玉籽料平安如意

美玉雅词

金马玉堂：金马指汉代的金马门，是学士待诏的地方；玉堂指玉堂殿，供侍诏学
士议事的地方。旧指翰林院或翰林学士。出自汉·扬雄《解嘲》："今吾子幸得
遭明盛之世，处不讳之朝，与群贤同行，历金门上玉堂有日矣，曾不能画一奇，
出一策，上说人主，下谈公卿。"

古玉畏火

所谓古玉畏火是指不能将古玉靠近火源和热源，否则可能使玉器的表面光
泽和透明度降低。古玉近火受热，还会导致裂纹的产生伤及玉质，从而失去光泽，
降低透明度。不要说是古玉，即使是新玉也是一样的。此外也因为玉器多有浸蜡，
因而高温易使蜡熔化，而使表面光泽度降低。我们常见到珠宝店的玉器柜台里
放着一杯水，那是因为柜里的射灯温度较高会对玉器不利，而水可调节柜里的
温度和湿度，从而减少射灯对玉器的影响。

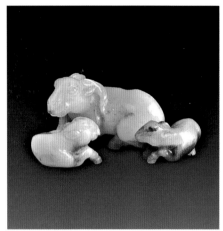

唐朝白玉"三羊开泰"摆件　　　　**唐青玉雕花香炉**

古玉畏冰

　　资深的藏家认为古玉时常近冰或被冻，就会造成色沁不活，没有润感，称为"死色"。有的人以为将古玉放在冰箱中冷冻，会使其"通透"和"质坚"，有些人说"冰清玉洁"，玉接近冰会变得更纯洁，因此把买到的玉饰品放入冰箱中，以便使玉质变得更质坚秀美。实际上却与你的愿望恰恰相反，这种错误做法可能会使玉质产生许多小裂纹而变得更加混浊，甚至不可挽救。和田玉不但经不起长期高温烘烤，也不能长期埋入冰层中，长期近冰会使玉润泽度大大降低，鲜亮就会变成"死色"。

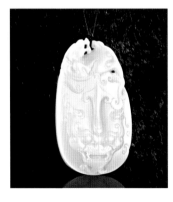

和田玉籽料天龙地虎佩

此佩白玉质，温润细腻，白度亦佳。佩为椭圆形，敦实厚重。正面仿古铜器纹饰，浮雕兽面纹，线条流畅，古朴庄严；佩的顶部雕琢回首状的螭龙，动态十足，背面留大量的白色原皮，与正面繁复的纹饰形成对比，既可体验玉质的润美，亦可欣赏雕工的精细。此佩造型简练，气质浑厚大度，纹饰以兽面纹展现，体现的是一种顺畅、舒柔、精细、古韵，意趣横生，寓意吉祥。

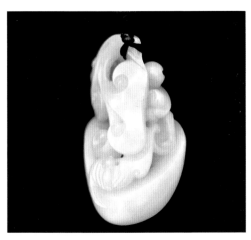

福寿双全

长 6 厘米，宽 3.3 厘米，厚 2.5 厘米。

白玉高瞻远瞩把件

古玉怕姜水

有些人认为用姜水可以除去腥臭之物，就将古玉放在姜水里去腥去臭，却不知会有伤玉质。古玉与姜水接触，会使其已有的沁色黯淡无光。如果浸得太久，还会使玉器浑身起麻点，造成难以补救的后果。

青玉缠枝莲纹小杯

青玉沉稳，色泽均一，器型规整精巧。杯身以浮雕缠枝花纹装饰，纹饰精美，工艺精致，是一件收藏级的小型器皿摆件。

古玉畏惊气

　　"惊气"是指佩戴者在受惊时，不小心将玉器跌落在地或碰撞于硬物之上，轻则产生裂纹，重则"粉身碎骨"。即使看不见裂纹，也不意味其完好无损，因为玉器在重撞之下，内部结构总会生出微细的裂纹，为玉器留下了隐患。因此，玩玉的藏家一定要讲究平心静气，戒惊戒躁，使玩玉确实起到修身养性的作用。总之对于古玉的佩戴、收藏、娱乐和养护要时时谨慎，处处注意，免得损伤了珍贵的玉器。

羊脂玉世事如意圆牌

此牌用料可谓绝佳，玉质细腻，光泽滋润，状若截脂，而色度亦佳。牌为圆形，看其料形，应为手镯心琢制，手镯对玉料的要求无出其右者，从此亦可见此牌玉料之佳美。牌型秀美，以情入韵，用写实的笔触去晕染梦幻般的画面，一面浮雕两只绶带鸟站立于柿子树枝头，绶带鸟神态生动，羽翼刻画精细，柿子挂满枝头，丰收在望。 此作品主线分明，刚柔相济，深浅互间，浮雕层次丰富，展现出令人惊叹的气韵与生命力。

美玉雅词

龟玉毁椟：意思是龟甲和宝玉在匣中被毁坏。比喻辅佐之臣失职而使国运毁败。出自《论语·季氏》："虎儿出於柙，龟玉毁于椟中，是谁之过与？"

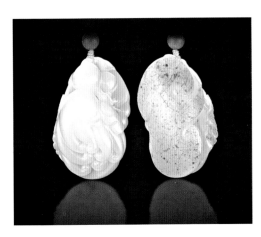

和田玉喜报三多把件

应当切记的是：虽然和田玉物理、化学性质非常稳定，外表也温润可人，但若长期受到不必要的侵蚀也会失去它应有的光泽。在古墓中出土的和田玉工艺品，往往没有现代的玉光亮，就是长期处在污秽的环境下形成的。

说说看

和田玉的收藏与投资不能以经济利益为最终目的，如果纯粹为了牟取暴利，那么就永远无法达到爱玉的最高境界。应该说和田玉的收藏和投资是一个不断积累和学习的过程，还是一个充满风险和挑战的过程。作为一个爱玉者，应该怀着一颗平常心去欣赏玉的价值。

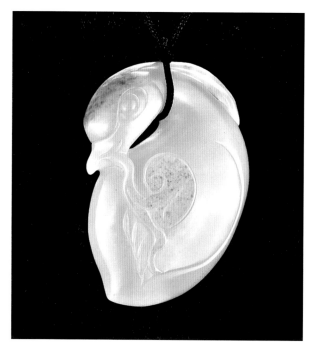

和田玉籽料鹅如意挂件

玉心得

一、"随缘"

爱玉之人就要懂得放下，真正爱玉之人并非一定要拥有玉，关键在于能否懂得欣赏玉的价值，要是能对玉的价值心领神会，那才是一种较高的爱玉境界。若是你执意拥有玉的话，心终会为玉所困！

和田玉籽料大梦敦煌套牌

作品采用浅浮雕技法，精雕细镂，凸显出层次感。上半部起地阳琢"大梦敦煌"四字，笔意空灵，下半部刻画出祥云升腾的美好景象，两相接合，相得益彰，具有十足的美感。释迦盘腿而坐，弹指而笑，庄重而不失灵动，于传统中别寓新意。佛身纤尘不染，与籽玉材质完美融合，底座饰之以波浪状花纹，因材施料，恰到好处。此作取法于敦煌石窟"飞天"壁画，彤云焕彩，玉女翔天，其婀娜多姿的体态、安宁执着的神情，令人过目难忘，细细看来，似想见御风而遁行于浩渺苍穹，风飘飘而吹衣，苍茫飘渺之意境，爽人心脾。一飞冲天，一振飞天，作品以浮雕技法刻画出一位冰清玉洁的玉女飞身献仙果的立体画面，动感十足，栩栩如生。

夜游赤壁

此作品借和田青花籽玉之美妙天然，塑赤壁千古天险，造诗境羽化登仙之感。使国画艺术与玉、与理、与情、与境，浑然天成，脱尘化境，妙工巧成。化天然为自然，如诗如画的蕴染出苏子兴客、泛舟于长江之险，赤壁之峻，白山黑水的月光之下，在江水拍岸、白露横江的天然韵律中，呈"天人合一"之妙境，化玉雕艺术神奇之心源。

二、"忌贪"

不管是把玩还是拥有美玉，最终目的还是养心，让我们的心境变得更为豁达，使我们的生活变得更加丰富多彩。但是你若怀着一颗牟取暴利的私心，只把玉石当作自己的私人财产，或者是赚钱的工具，那你终究会被玉所累！

三、"惜玉"

玉虽有"瑕"，却是历经千万年磨砺的痕迹，而人的瑕却出于自身对物质的贪欲，虽有灵却愧为灵！人比之玉，岂非愚石？

玉，石之美者，自古被称为吉祥、辟邪之物。它象征着权利、高尚纯洁、典雅华贵、安乐幸福运气，传说中总是和缘分纠缠在一起，还能帮助主人逢凶化吉，避难呈祥，据说被主人佩带长久，就能和主人心心相印，还可以培养人

刘海戏金蟾

长 7.5 厘米，宽 4.5 厘米，厚 1.5 厘米。此作品雕琢的是"刘海戏金蟾"的
传统题材，该题材为中国古典神话传说，寓意"财源滚滚"。

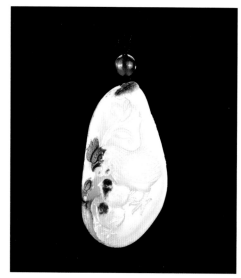

和田玉籽料冠上加冠把件

和田玉籽料，皮色艳丽，质地细腻如脂，手感上佳。浮雕赤冠公鸡，带两只红顶小鸡，寓意官上加官。作品刻画生动有趣，富有生活气息。作者对材料皮色的应用，可谓技艺纯熟，手到"禽"来。简洁流畅的花鸟造型、细致入微的雕刻细节、艳丽皮色的巧用，这都是吴灶发先生个人风格在此件作品上的完美展现。

的情操。当今科学测定玉石中含有许多对人体有益的元素，佩戴在身上被人体吸收，使人体细胞组织更具活力，并促进血液循环、增强人体细胞的新陈代谢、及排除体内废物，帮助人体提高免疫力。故将玉器作为护身符，是非常有益的。玉能使体内的微量元素协调平衡，从而获得祛疲消灾的功效。玉还具有稳定情绪、增强人的反应能力的功效。

关于玉器选购的几点理性建议：

1.玉是收藏品，也是用来把玩、佩戴的，因此建议玉友在选玉时能在功利心和喜好上做个适当的平衡，太功利的人永远玩不好玉。同时也请玉友根据自身经济条件适度选购，以免为玉所累。

2.选玉要在对玉的综合考量下进行，自古有"珠圆玉润"之说，珠选圆、玉选润，这是亘古不变的真理，玩家选玉，首重润度、其次雕工、再者才是白度。玉不润再白也没有意义。当然，理想状态下是润度细度白度都上佳的籽料，但这种料子属于上等，价格亦是高端，尤其是在现今好料紧缺的情况下。因此奉劝玉友不要盲目追求高白度的料子，高端料子和您钱包的薄厚关系甚大。

和田玉籽料观音挂件

新疆黄皮籽料，色白，质润，皮色金黄，彰显淡雅。此件作品作者因材施艺，正面在玉质白细部分，设计了一尊持莲观音，观音法相安详，盘坐与莲花宝座之上，线条简捷顺畅、柔美。作品背面满皮，构图也采用线条勾勒处理为香草与蝴蝶，简约而柔美，凸显了设计者的功力，留皮给作品增加了美感，使其生动活泼，妙趣横生。

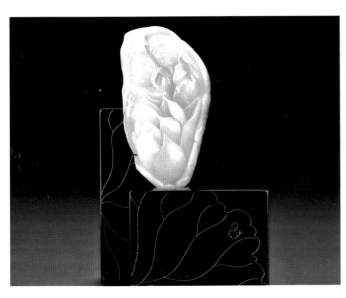

和田玉籽料和合二仙摆件

该摆件由白玉籽料雕琢而成，金皮，高浮雕相拥和合二仙，眉开眼笑，憨态可掬。作品背面利用原料的皮色俏色莲叶，生动传神。整件作品繁简呼应，线条流畅，妙趣横生，寓意吉祥。

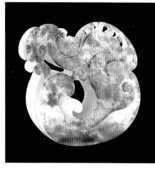

和田玉籽料雅赏四件套

此四件套由凤佩、玉兔钮章、辟邪钮章及凤形梳组合而成，可赏可玩。凤佩皮色尤为珍罕，为枣红皮，红艳而均匀分布，尤为难得。章一为玉兔钮，兔之温顺之态跃然而出；一为瑞兽钮，颇具汉风古韵。梳子则以阴线刻就瑞凤形，线条流畅，而梳子齿的处理疏密得当。

和田玉籽料福中福摆件

此摆件所选玉料皮色唯美艳丽，在玉料中颇为少见。作者匠心独运，采用镂空雕技法，在荷叶包裹里面，雕琢一尊弥勒佛。

3.关于皮色的一点建议：时下藏玉的一种误区，即是很多玉友过于注重皮色，好皮好肉自然最好，但好皮子的真皮料往往要高得离谱，因此建议玉友量力而行。

4.一件玉器作品从选料、设计、制作过程直到完成，店主需付出相当多的时间与精力，因此请尊重店商的合理利润空间，所谓"一分价钱一分货"，买家对玉器品质要有个客观的心理预期。

5.自古"人无完人、玉无完玉"，且现今和田玉价格居高不下，要是吹毛求疵、过于挑剔的话，就失去了收藏和田玉的意义。

　　和田玉以其稀有而温润的特征，在我国玉石中占有举足轻重的地位，是中华文明的象征，而由和田玉所制成的玉器则体现了中国的气魄和鲜明的民族特色。不仅具有东方的静雅意韵，还兼具了西方的雍容华贵，其温润、含蓄、柔和、细腻和深邃代表着一种向往和寄托，是一种自然浪漫情怀的表达。

　　中国和田玉的存世价值是与时俱进的，是其他玉石难以比拟的，有着无限的生命力和广阔的发展前途。为了满足当下读者的需求，我们特编辑此书，在本书的编撰过程中，得到了社会各界人士的帮助，特别是河北保定市力高古玩城玉缘堂和保定市瑞星路君子阁以及河北省保定市府学后街知玉堂的大力支持。三个和田玉的专卖店中陈列着琳琅满目的和田玉器，每一件作品都堪称是美妙绝伦的艺术品，无一不让人痴迷，让人沉醉。店中的几个镇店之宝是在当今市场中很难再见到的极品和田玉，很多玉器更是价值连城。当他们得知我们的来意后，非常热情地向我们介绍各种不同品种的和田玉，并一一告诉我们如何分类，如何分辨真假等相关知识，让我们获益颇深。最后，三个店铺的经营者还亲自为我们选取了数百张精美的图片，并一一标注名称及相关尺寸等。书成之际在此特别感谢。

　　希望本书可以让广大读者进一步了解和田玉，在购买及收藏时得以借鉴及参考。最后，要告诉大家的是，要想真正掌握和田玉收藏和鉴赏方面的知识，还需要大量的实践，这是一个知识积累循序渐进的过程，切不可轻易听信他人之言。

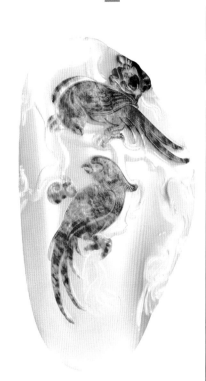

● **总 策 划**

王丙杰　贾振明

● **责任编辑**

丁　鼎

● **排版制作**

腾飞文化

● **编 委 会** （排序不分先后）

玮珏　苏易　丁莉

青铜　夏洋　黄少伟

吕记霞　金帛　伊记

● **责任校对**

李新纯

● **版式设计**

张　婷

● **图片提供**

刘　君　曹　鹏　郗玉荣

河北省保定市君子阁

河北省保定市玉缘堂

河北省保定市知玉堂

晶莹圆润